Carlos U. Savioli

ACUSTICA
PRACTICA

Apéndice

LIBRERIA Y EDITORIAL ALSINA

Paraná 137 - (C1017AAC) Buenos Aires
Telefax (054) (011) 4373-2942 y (054) (011) 4371-9309
ARGENTINA

PROLOGO

Desde el año 1992 en que se publicó, y hasta la actualidad, Acústica Práctica ha merecido diferentes consideraciones de parte de lectores interesados en el tema tratado, que día a día cobra mayor importancia en relación al creciente problema de los ruidos molestos y la manera de atenuarlos.

Tal como se me hiciera notar, existen errores que, en general no han afectado la estructura conceptual de los temas, pero han restado claridad al contenido y que es mi intención mejorar en este sentido, enriqueciendo la publicación.

A tal fin he preparado este apéndice donde además de aclaraciones a temas expuestos, se agregan algunos nuevos, que son de importancia sin dudas. En tal sentido cabe señalar conceptos que vienen a llenar un vacío en aspectos no comunes a las bibliografías disponibles, tales como por ejemplo el de la frecuencia crítica en cerramientos, las ondas de flexión en elementos delgados sujetos a vibración, la transmisión indirecta de los sonidos entre locales contiguos y en especial la insonoridad de cerramientos dobles mediante elementos delgados. En la mayoría de los casos hay ejemplos aclaratorios.

Ing. Carlos U. Savioli

CONTENIDOS

Prólogo del Autor .... pág. 3

- Parámetros del sonido .... pág. 7
- Unidades y Magnitudes .... pág. 11
- Características psicofísicas del sonido .... pág. 17
- Efecto Doppler .... pág. 17
- Resonancia de salas. Modos normales .... pág. 20
- Difracción por orificio y por pantalla .... pág. 23
- Insonoridad de cerramientos simples .... pág. 29
- Insonoridad de cerramientos dobles .... pág. 41
- Frecuencia crítica .... pág. 43
- Transmisión del sonido entre locales .... pág. 47
- Ondas de flexión .... pág. 55
- Absorbentes de alta frecuencia .... pág. 62
- Absorbentes de baja frecuencia .... pág. 66
- Ruidos de tránsito urbano y aéreo .... pág. 69
- Atenuación del sonido en el aire .... pág. 73

VELOCIDAD. FRECUENCIA.
LONGITUD DE ONDA DEL SONIDO EN EL AIRE

La velocidad, la frecuencia y la longitud de onda de los sonidos están vinculados por la expresión:

$$V = \lambda \times f$$

donde:

$$V = c = Velocidad = 340 \frac{m}{seg} \text{ en el aire} \qquad (*)$$

$f = Frecuencia$

$\lambda = Longitud\,de\,onda$

La deducción puede ser la siguiente:

$$V = Velocidad = \frac{Espacio}{Tiempo}$$

Para la onda sonora:

$$V = \frac{Longitud\,de\,onda}{Tiempo} = \frac{\lambda}{T} \qquad (1)$$

donde T es el período o tiempo en que se considera se produce una onda de sonido.

La frecuencia es inversamente proporcional al período (Fig. 1). Para un mismo tiempo o período $T = 1$ *segundo*, en (a) hay una onda sonora, en (b) hay dos ondas sonoras luego sus períodos son de 0,5 *segundo*. Por lo tanto, al aumentar al doble el número de ondas, el período se reduce a la mitad del tiempo, o sea:

$$T = \frac{1}{f}$$

Reemplazando en (1):

$$V = \frac{\lambda}{\frac{1}{f}} = \lambda \times f$$

(*) $c = V$ según la fórmula de su autor.

Relación entre tiempos (*T*= período) y frecuencia *f* (en segundos)

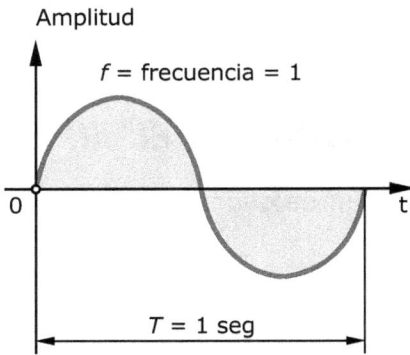

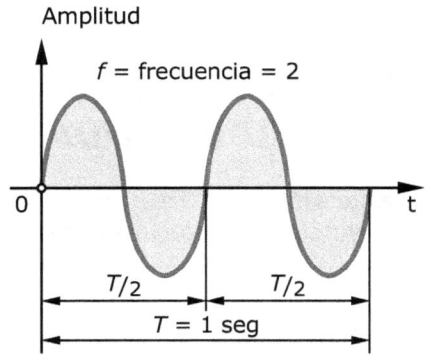

(a)   (b)

El color gris de las superficies encerradas por las sinusoides son con fines didácticos, ya que solo deberían mostrarse las curvas como trazo.

Si consideramos la velocidad del sonido en el aire, por ejemplo 340 *metros /segundo*, y queremos saber cual es la longitud de onda de un sonido de frecuencia 500 *Hertz* tenemos: (*)

$$340\,m/seg = 500\,ciclos/seg \times \lambda$$

$$\lambda = \frac{340}{500} = 0,68\,metros$$

(*)   Ver cuadro de unidades y magnitudes (pág. 11)

VELOCIDAD DEL SONIDO EN LOS SOLIDOS

Sea el caso del acero con los siguientes datos:

Peso específico del acero = 7.800 kg/m^3

Aceleración de la gravedad = g = 9,81 m/seg^2 $\simeq$ 10 m/seg^2

La masa volumétrica es:

$$\rho = 7.800\,kg/m^3 \times \frac{1}{10}\,m/seg^2 = 7.800\,\frac{kg \times seg^2}{10\,m^4}$$

La velocidad lineal en sólidos es:

$$V_s = \sqrt{\frac{E}{\rho}} \qquad E = módulo\ elástico\ del\ acero = 2.200.000\,kg/cm^2$$

al que dimensionamos de este modo:

$$E = 2.200.000 \times 10^4\,kg/m^2$$

Finalmente:

$$V_s = \sqrt{\frac{2.200.000 \times 10^4\,kg/m^2}{7.800\,\dfrac{kg \times seg^2}{10\,m^4}}} = 5.300\,metros/segundo$$

UNIDADES Y MAGNITUDES EN USO EN ACUSTICA. SIMBOLOS.

Tipo de magnitud	Símbolo	Nombre de la unidad múltiplos o submúltiplos	Dimensión
Longitud	*l*	metro kilómetro centímetro milímetro	M ó m KM ó km CM ó cm MM ó mm
Potencia	W	watt kilowatt miliwatt (1:1.000 *watt*) microwatt (1:1.000.000 *watt*)	W KW mW μW
Frecuencia	f	Hertz ó ciclos por segundo kilohertz ó kilociclos megahertz ó megaciclos	Hertz ó c.p.s. KHz ó Kc/s MHz ó Mc/s
Presión	μb	Microbar = 1 dina/cm² 1 μb = 1 N/m² N = Newton = 0,1 Kg	μb Mínima de comparación = = 0,0002 μb
Tiempo	seg	segundo	seg ó s

Medida del sonido: *Decibel* (*dB*), tanto en términos de: *Presión*, *Potencia* o *Intensidad*.

En nuestras aplicaciones la escala de decibeles se extiende desde 30 *dB*, hasta 130 *dB*.

VALORES DE REFERENCIA

a) **Presión acústica de comparación**

$$P_0 = 0{,}0002\ \mu b \quad \text{(microbares)}$$

También:

$$1\ \mu b = 0{,}1\ N/m^2 = Baria = 1\ Dina/cm^2$$

b) **Intensidad acústica mínima de comparación**

$$I_0 = 1 \times 10^{-12}\ W/cm^2$$

c) **Potencia acústica mínima de comparación**

$$W_0 = 10^{-13}\ W$$

El *decibel* deriva de:

A) Presión P en decibeles: $\qquad P = 20\ logaritmo\ \dfrac{P_1}{P_0}$

B) Intensidad I en decibeles: $\qquad I = 10\ logaritmo\ \dfrac{I_1}{I_0}$

C) Potencia W en decibeles: $\qquad W = 10\ logaritmo\ \dfrac{W_1}{W_0}$

donde: P_1 ; I_1 y W_1 son datos a conocer (*)

Ejemplo numérico:

De una fuente sonora, la presión con que se emite un ruido muy fuerte, alcanza los 200 *microbares*. Se desea conocer la potencia del mismo en *decibeles*.

Datos:

$$P = 200\ \mu b$$
$$r = 150\ cm$$

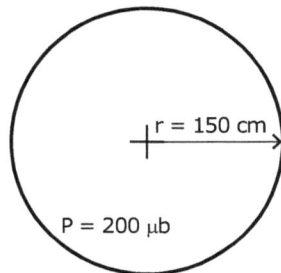

r = 150 cm

P = 200 μb

(*) Los cálculos se facilitan mediante el uso de computadoras científicas comunes.
Nota: Los valores B y C de referencia pueden diferir, según los autores.

Fórmula de cálculo:

$$P^2 = I\,W/cm^2 \times 4 \times 10^8$$

Superficie de la esfera:

$$S_e = 4 \times \pi \times r^2 = 4 \times 3,14 \times 150^2 = 282.600\,cm^2$$

Además:

$$I\,W/cm^2 = \frac{W\ potencia}{Superficie\ en\ cm^2}$$

Reemplazando:

$$P^2 = 200^2 = 4 \times \left(\frac{W}{282.600}\right) \times 10^8$$

luego,

$$W = \frac{200^2 \times 282.600}{4 \times 10^8} =$$

$$= \frac{40.000 \times 282.600}{4 \times 100.000.000} =$$

$$= \frac{4 \times 2826}{400} = 28,26\,W$$

Resulta finalmente:

$$W[dB] = \frac{10\,logaritmo\,28,26}{1 \times 10^{-12}} =$$

$$= 10\,logaritmo\left(28,26 \times 10^{12}\right) =$$

$$= 10 \times (1,45 + 12) = 134\,dB$$

NIVEL SONORO EN DECIBELES
Ref: 0,0002 μbar

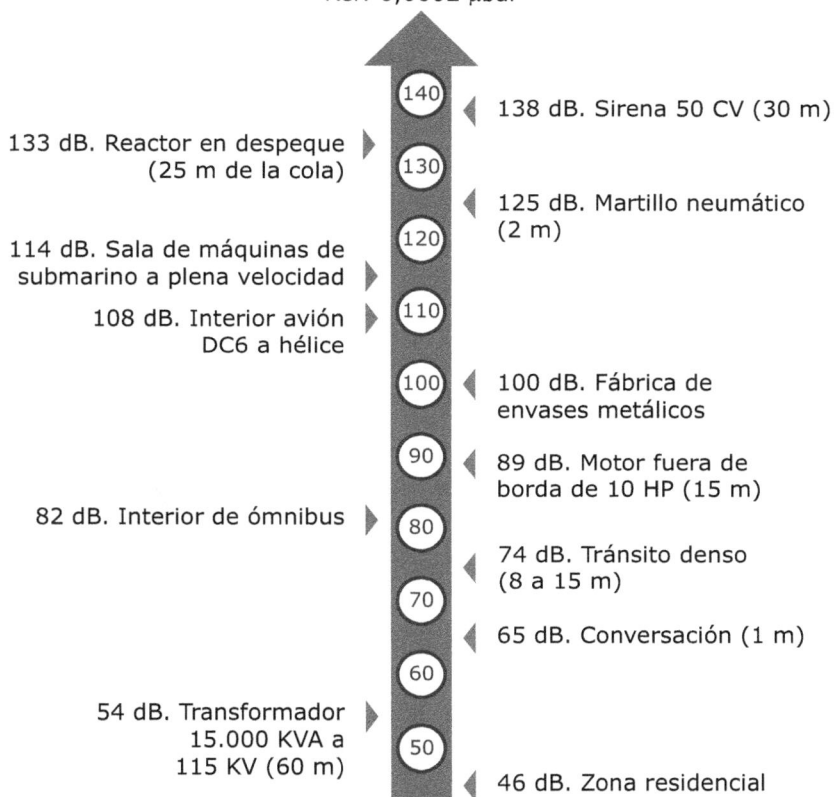

138 dB. Sirena 50 CV (30 m)

133 dB. Reactor en despeque
(25 m de la cola)

125 dB. Martillo neumático
(2 m)

114 dB. Sala de máquinas de
submarino a plena velocidad

108 dB. Interior avión
DC6 a hélice

100 dB. Fábrica de
envases metálicos

89 dB. Motor fuera de
borda de 10 HP (15 m)

82 dB. Interior de ómnibus

74 dB. Tránsito denso
(8 a 15 m)

65 dB. Conversación (1 m)

54 dB. Transformador
15.000 KVA a
115 KV (60 m)

46 dB. Zona residencial

CARACTERISTICAS PSICO-FISICAS DEL SONIDO

Dice A. C. Raes, reconocido autor belga: Un peso de 1 kilogramo nos parece el doble de una libra (0,4594 kilogramos).

Una torre de 10 metros de altura nos parece mas alta que otra que midiese 5 metros.

Diez violines que se dejan oír al mismo tiempo, no nos darán la impresión de una audición dos veces mas fuerte que si escuchásemos 5 violines. La intensidad del sonido que actúa sobre nuestros oídos será el doble, pero la sensación auditiva será como:

$$10 \, log \frac{10}{5} = 10 \, log \, 2 = 10 \times 0,3 = 3 \, dB$$

Ley de Weber-Fechner:

Los incrementos iguales de sensación, corresponden a incrementos iguales del logaritmo del estimulante.

Efecto Doppler:

Además de otras interpretaciones, en nuestro caso nos ayuda a entender lo que sucede cuando el sonido es emitido por una fuente sonora que se mueve, (los ruidos de un automóvil en marcha se perciben de distinta manera cuando se acerca a cuando se aleja, o bien cuando las ondas sonoras se comprimen o se dilatan).

Demostración:

Se debe tener en cuenta la relación ya vista: $V = \lambda \times f$

Llamaremos f_0 a la frecuencia de los sonidos emitidos por una fuente sonora S en un tiempo t seg. Analizaremos primero una onda sonora aislada emitida por S (que es fija). El espacio recorrido por la onda se designa como e, y su velocidad V. El ambiente es calmo sin vientos. La longitud de onda es:

$$\lambda = \frac{e}{N° \, de \, ondas}$$

donde:

$$e = espacio$$

El número de ondas es:

$$N° = f_0 \times t \, seg$$

Además:

$$V = \frac{e}{t}$$

Luego,

$$\lambda = \frac{V \times t}{f_0 \times t} = \frac{V}{f_0}$$

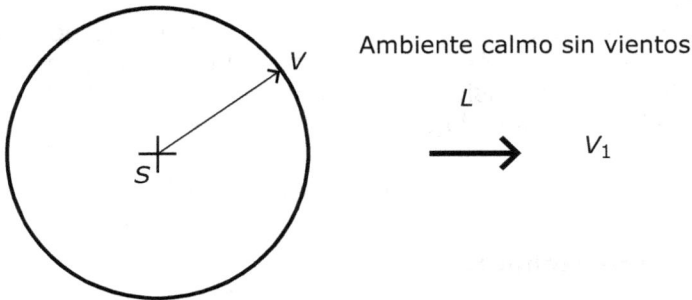

Ambiente calmo sin vientos

El desarrollo teórico del efecto Doppler se hará, según el tratado de Física de Sears, considerando una fuente sonora tal como S y un observador L que se mueve con una velocidad V_1. Las ondas sonoras que pasan por el observador, tienen una velocidad:

(1) $V - V_1$ (ya que L se mueve y su velocidad se resta)

y como se vio:

(2) $\lambda = \dfrac{V}{f_0}$

Dividiendo (1) por (2) tendremos el número de ondas que pasan por el observador por unidad de tiempo, o sea la frecuencia aparente f que es la razón de la velocidad relativa a la longitud de onda.

$$f = \frac{V - V_1}{\dfrac{V}{f_0}} = f_0 \cdot \frac{V - V_1}{V}$$

(Si el observador se aleja)

$$f = f_0 \cdot \frac{V + V_1}{V}$$

(Si el observador se acerca)

PANTALLA ACUSTICA

S = emisor
L = reflector

El movimiento del reflector
cambia la longitud de onda,
como consecuencia del cambio de frecuencia (aparente).

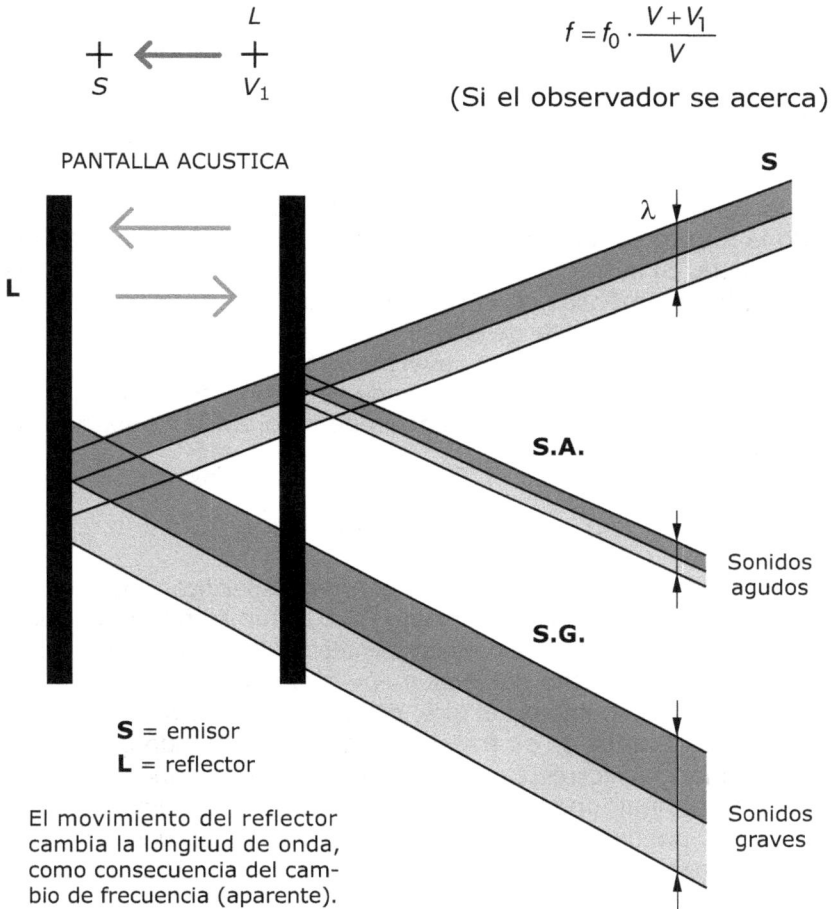

Al comprimirse las ondas sonoras la frecuencia aumenta (sonidos agudos). Por efecto contrario las ondas al dilatarse, generan disminución de frecuencia (sonidos graves).

Este fenómeno descubierto por el físico alemán Doppler, es tambiénbásico para entender el problema en astronomía acerca del color de las estrellas y su movimiento. También entre las aplicaciones más importantes figura la ecografía en medicina.

RESONANCIA DE LAS SALAS

Modos normales

Refiriéndonos a salas de formas geométricas simples (rectangulares), con superficies reflejantes, los sonidos que se emiten en su interior son percibidos en forma directa, con mas un refuerzo, a causa de la reflexión en los planos acústicos. Esto permite decir que cuando la fuente sonora cesa, los sonidos "se sostienen", a causa de la resonancia. Si la frecuencia de aquella está próxima a la de resonancia de los elementos constructivos, mayor será la respuesta de las vibraciones por causa de ella. En realidad, la persistencia de los sonidos es más conocida como reverberación. A la frecuencia de resonancia de una sala, habrá variaciones de la presión acústica en correspondencia con aquella. Las frecuencias de resonancia se expresan de este modo:

$$f[Hz] = \frac{c}{2}\sqrt{\left(\frac{p}{L}\right)^2 + \left(\frac{q}{W}\right)^2 + \left(\frac{r}{H}\right)^2}$$

donde: p; q y r (números de la serie natural) especifican los modos de vibración, como en nuestros ejemplos: (1.0.0) o también (2.0.0), pudiendo haber otros tantos con valores crecientes.Se indican así mismo: L = largo del local; W = ancho del local y H = alto del local. Además, $c = V$ es la velocidad del sonido en el aire, cuyo valor es 340 *m/seg*.

Según Leo Beranek en su tratado de acústica, cuando q y r son nulos, las resonancias corresponden a idas y vueltas de ondas planas de sentido longitudinal, ondas axiales. Conforme las variaciones de p, q y r, las ondas pueden ser también tangenciales u oblicuas. En las frecuencias de resonancia, según el autor G. L. Fuchs (Universidad Nacional de Córdoba), los sonidos se refuerzan y se altera el campo supuestamente uniforme. Este efecto se atenúa con el agregado de absorbentes de los sonidos (de una gran variedad en el mercado actual).

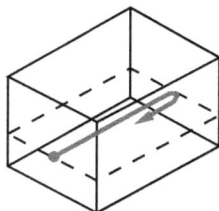   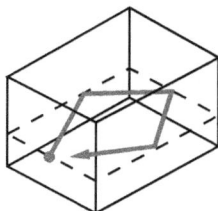   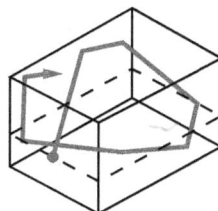

Axial   Tangencial   Oblícua

Según: F. Alton Eeverest, "The Master Handbook", 3ra. Edición.

Ejemplo numérico:

Calcular las frecuencias de resonancia para los modos (1.0.0) y (2.0.0) en un local rectangular, del cual se indican las dimensiones en planta:

$$L = largo = 7,08 \ metros \ ; \ W = ancho = 4,10 \ metros$$

Los nodos y los vientres indican los planos donde las presiones son cero y máxima respectivamente.

Desarrollo:

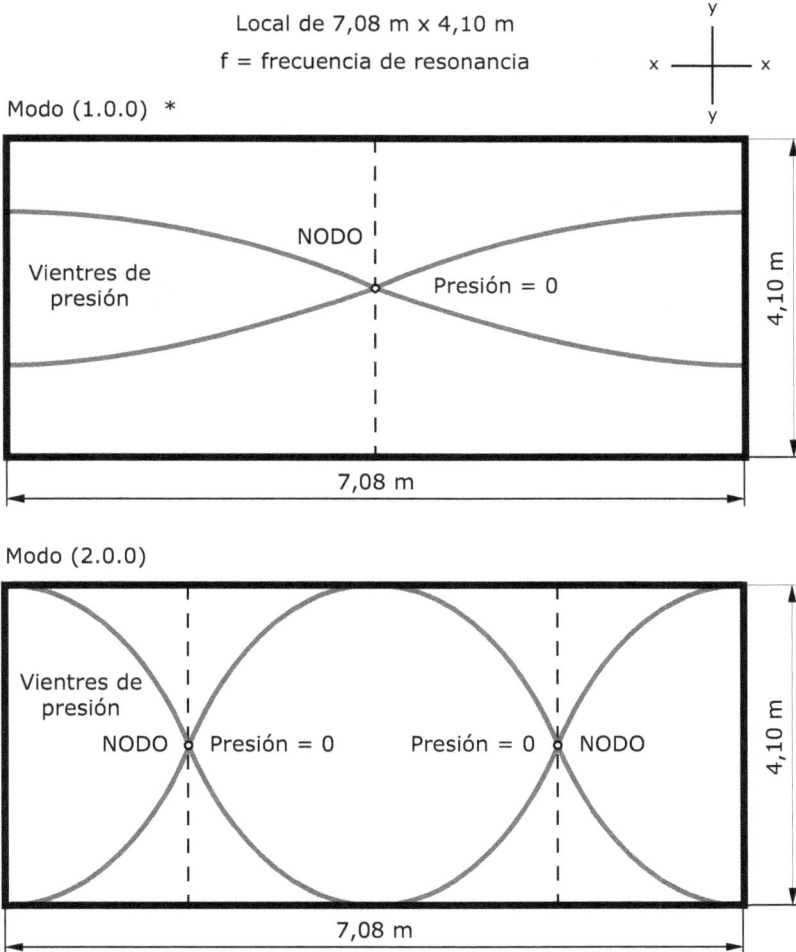

Frecuencia de resonancia modo (1.0.0):

$$f = \frac{340}{2} \sqrt{\left(\frac{1}{7,08}\right)^2} = \frac{340}{2} \times 0,1412 = 24 \, Hz$$

Frecuencia de resonancia modo (2.0.0):

$$f = \frac{340}{2} \sqrt{\left(\frac{2}{7,08}\right)^2} = \frac{340}{2} \times 0,28 = 48 \, Hz$$

Según Knudtsen y Harris:

En el local con las medidas que se indican y para cuyos modos para los números naturales (1.0.0) y (2.0.0) se han trazado las curvas sinusoidales, se completaron con otros tantos tal como: (0.1.0), (1.1.0), (2.1.0), etc. Utilizaron un altoparlante en un rincón de la sala. Con todos estos modos de vibración se constató que lo picos de nivel se elevan (mayor presión). Cuando las frecuencias crecen, los puntos (picos) se acercan cada vez mas, hasta superponerse. Las frecuencias de resonancia de los modos normales contiguos son tan cercanos, que terminan por confundirse, dando así una curva de transmisión de frecuencia relativamente uniforme.

Nota:
La complejidad de este tema trasciende los límites de esta publicación. Para mayor información ver: Knudtsen-Harris "Acoustical Designing in Architecture".

(*)   En el local, modo (1.0.0), se denomina *onda axial*, o en este caso también *onda estacionaria*, ya que se cumple la condición:

$$L = \frac{\lambda}{2} \qquad \text{siendo } \lambda \text{ la longitud de onda.}$$

DIFRACCION DE LOS SONIDOS

Difracción por orificio: (1)

Así como cuando un haz de luz incide sobre un orificio pequeño, produciendo una serie de anillos claros y oscuros, también los sonidos producen zonas audibles y otras que no, pero no es factible determinar zonas de sombra acústica y además, conforme varía el tamaño del orificio, el pasaje de los sonidos o bien el nivel con que se perciben a su través, arroja resultados que deben tenerse muy presentes y advierten sobre su importancia.

El siguiente ejemplo ilustra al respecto. Se trata de dos locales separados por un tabique, en el que hay una abertura de 25 centímetros de diámetro. De un lado está la fuente sonora y del otro el receptor (el oído). Registrado el nivel sonoro del local hacia el cual pasan se constatan 50 dB.

Se reduce el diámetro del orificio a 2,5 *centímetros* y se constatan 40 dB. Se reduce el diámetro a 0,25 *centímetros* y se constatan 30 dB. Conclusión: "*La reducción del diámetro del orificio hasta la centésima parte de su valor original, solo reduce el nivel sonoro en 20 dB*".

Amortiguamiento por difracción: (2)

"La aplicación del principio de **Huyghens Fresnel** permite calcular el amortiguamiento por difracción, en el caso de una fuente sonora puntual *S*, y de un obstáculo rectilíneo infinito. El estudio de este problema, conduce a la solución de la atenuación de los ruidos provocados por el tránsito de vehículos, en zonas con vías de circulación intensas (no en zonas urbanas)."

En la figura, el tabique de altura *h*, se interpone entre la fuente sonora *S* y el receptor *R*. En el caso más simple, se supone que *S* y *R* están ubicados sobre una misma recta que los une y que es normal al plano del tabique.

---

(1)   Según Bossut y Villatte. "El aislamiento térmico y acústico y acondicionamiento del sonido en la construcción".

(2)   Según R. Josse. "La acústica en la construcción". Edit. G. Gilli, Barcelona, España.

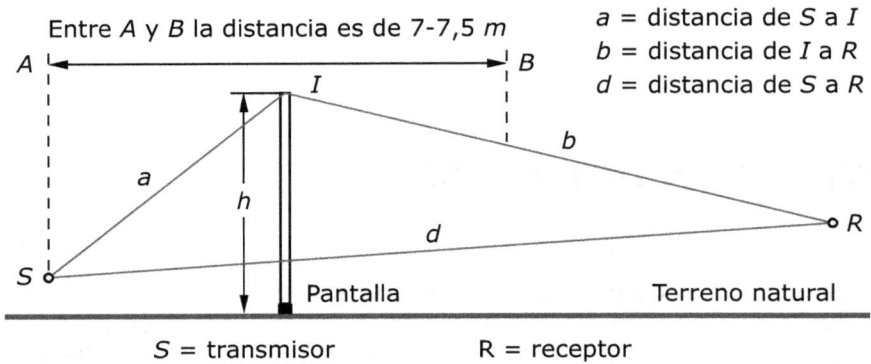

Entre *A* y *B* la distancia es de 7-7,5 *m*

a = distancia de *S* a *I*
b = distancia de *I* a *R*
d = distancia de *S* a *R*

S = transmisor   *R* = receptor

Modalidad del cálculo:

Se determinan:

$$a = \text{metros} \; ; \; b = \text{metros} \; ; \; d = \text{metros}$$

y la diferencia:

$$a + b - d = \delta$$

La difracción por obstáculo resulta:

$$13 + 10 \, log \, N = \Delta_L = \text{Amortiguamiento por pantalla} \qquad (*)$$

siendo:

$$N = \frac{2 \times \delta}{\lambda} \quad \text{con la condición } N > 1$$

Además:

$$\lambda = \frac{V}{f} \quad ; \quad V = 340 \, m / seg$$

Si tomamos por ejemplo *f* = 500 *Hz* (de comparación en este caso), resulta:

$$\lambda = \frac{340}{500} = 0,68$$

y

$$N = \frac{2 \times \delta}{0,68} = \frac{\delta}{0,34}$$

Este valor de *N* varía de tal forma que según (*) resulta:

para *N* = 0   difracción con valor mínimo = 6 *dB*
para *N* = *límite*   difracción con valor máximo = 24 *dB*

(*) $-13 + 10 \, log \, N = \text{amortiguamiento por pantalla} = \Delta_L$

Considerando por último todos los factores que intervienen, la reducción total de los ruidos provenientes de *S* y percibidos en *R* es tal que:

$$Reducción\ [dB] = dB\ en\ S - 13 + 10\ log\ N - 20\ log\frac{d\ metros}{7,5\ metros}$$

donde:

dB en S	nivel sonoro en el punto de emisión de los ruidos
7,5 metros	distancia hasta la cual los niveles de ruidos en *dB* emitidos por una fuente, tal como la *S*, se mantienen constantes (usualmente se toman entre 7 y 7,5 *metros* según algunos autores).

En muchos casos se hace intervenir en los cálculos el factor climático, mediante tablas de la atenuación por temperatura, humedad relativa y frecuencia de los sonidos. Una tabla de este tipo, va adjunta al final de esta publicación, perteneciente a los autores Knudtsen y Harris ya citados.

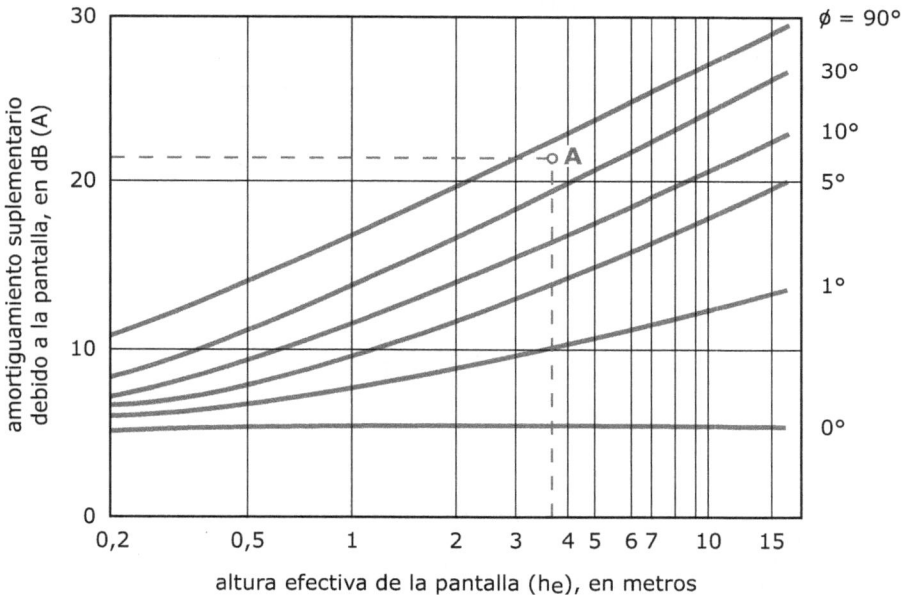

altura efectiva de la pantalla (h_e), en metros

El cálculo del amortiguamiento de los ruidos por difracción, por pantalla, resulta simple con el uso del gráfico adjunto, que requiere conocer dos parámetros:

h_e Altura efectiva de la pantalla

ϕ Angulo indicado abajo en la figura de la pantalla

El ángulo ϕ varía en función de la posición del receptor. Tanto más se aproxima el receptor al nivel del terreno es mayor el ángulo ϕ y mayor el amortiguamiento.

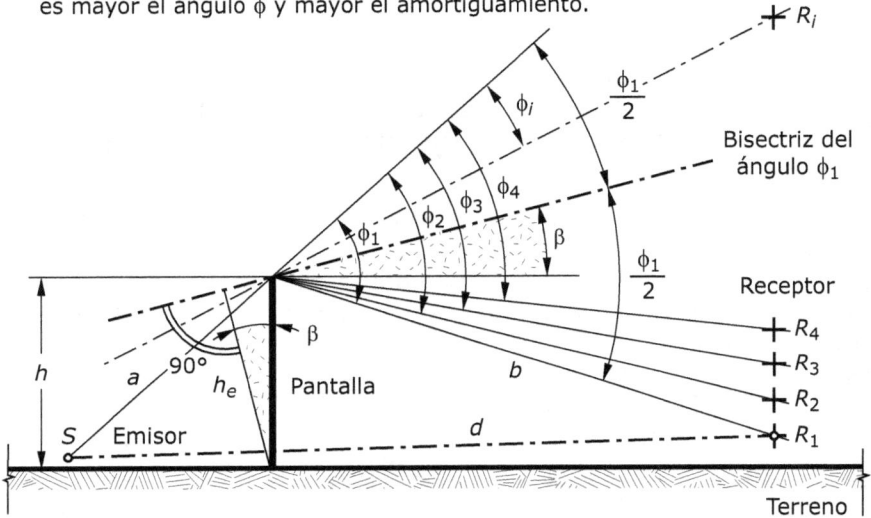

Ejemplo numérico:

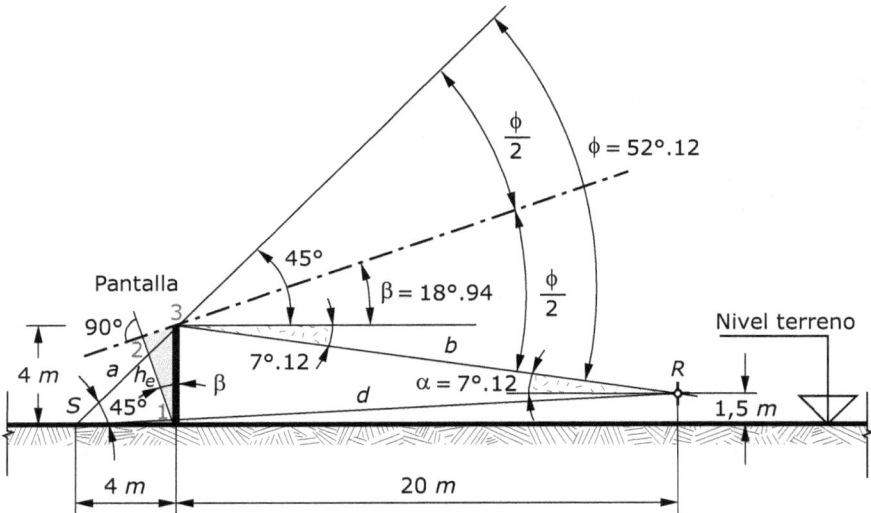

Calcular el amortiguamiento suplementario por uso de pantalla en el punto R en $dB\,(A)$. La misma ha sido emplazada a un costado de ruta. $\phi = \phi_1$ de la figura anterior

Desarrollo:

Calculamos los valores del ángulo ϕ y la altura efectiva h_e, con los datos indicados en la figura.

$$tg\ \alpha = \frac{2,5\,m}{20\,m} = 0,125$$

$$\alpha = 7°.12$$

$$\phi = 45° + 7°.12 = 52°.12$$

$$\beta = 18°.94$$

$$cos\ 18°.94 = 0,9458$$

Altura efectiva h_e (triángulo 1-2-3, sombreado en la figura):

$$0,9458 = cos\ 18°.94 = \frac{h_e}{4\,m}$$

luego:

$$h_e = 0,9458 \times 4 = 3,78\,m$$

Utilizando gráfico anterior donde se ha marcado el punto A obtenemos el valor de la amortiguación por pantalla:

$$\Delta_L = 21\,dB$$

INSONORIDAD DE LOS CERRAMIENTOS SIMPLES

La teoría de los cerramientos simples (paredes, tabiques, etc.), en este caso, hace referencia a distintos aspectos en la determinación de la capacidad de insonorizar, existiendo varias fórmulas de distintos autores al respecto, no siempre coincidentes, y a lo cual no es ajeno el aspecto constructivo, si tenemos en cuenta los materiales por un lado y la mano de obra por el otro (la que debe ser idónea).

La insonoridad es función de la masa o del peso de los elementos, ya que cuanto más pesan, más aíslan los ruidos. Es conocido el ambiente calmo de algunas Catedrales, cuyas paredes de gran espesor son verdaderas barreras para entornos a veces muy ruidosos. En general los ruidos callejeros o ruidos de tránsito, no se pueden eliminar, aunque sí atenuar hasta hacerlos tolerables (no siempre), según los ambientes de que se trate (públicos o íntimos). Los ruidos son, como se comprende, de muy distinto origen y más o menos difíciles de tratar, para que no resulten molestos.

La conjunción del peso de la pared (tabique, cerramiento, etc.) con mas las exigencias de la aislación termo-acústica, son parámetros básicos en el diseño actual. Menos peso estructural, y más confort ambiental.

Fórmula teórica para el cálculo de la insonoridad de cerramientos simples (así los llamaremos en general en este caso) propuesta por el autor y que tiene gran coincidencia comparadas con otras (L. Beranek),

$$Insonoridad\ R\,[dB] = \left[10\ log\frac{m\times\omega\times cos\,\theta}{2\times\rho\times V}\right]^2 - 12$$

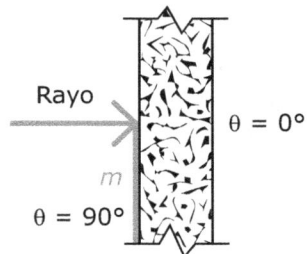

Rayo

$\theta = 0°$

m

$\theta = 90°$

Nota: El producto $2 \times \pi \times f$ se tomará igual a 802 en los cálculos.

donde:
ω   Pulsación = 2 x π x f
m   masa en Kg/m^2
f   frecuencia en Hz
θ   Angulo de incidencia
ρ   Densidad del aire = 1,18 Kg/m^3
V   Velocidad del sonido = 340 m/seg

Perdidas por transmisión (Insonoridad en *dB*)

(Gráfico de L. Beranek)

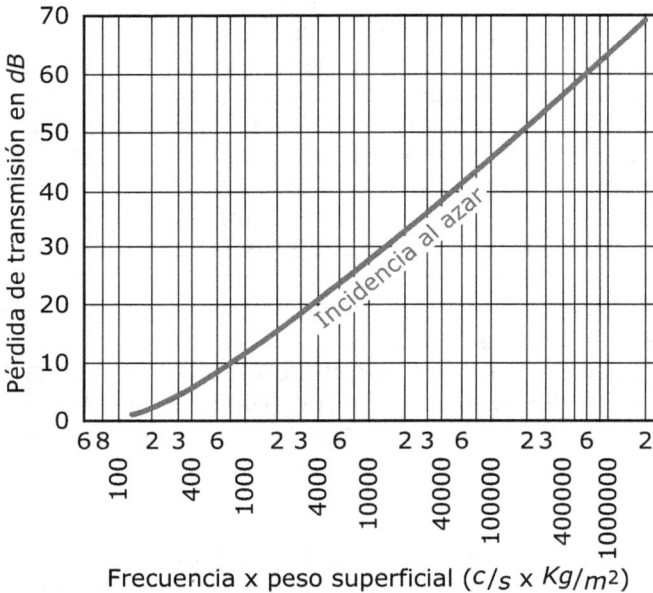

Frecuencia x peso superficial (c/s x Kg/m^2)

Pérdida de transmisión para tabiques macizos amortiguados

La pérdida de transmisión media puede determinarse con ayuda de este gráfico tomando la frecuencia 500 *Hz*. Para paredes no amortiguadas hay que restar unos 5 *decibeles* de la pérdida de transmisión media. En el caso de ondas planas incidentes normalmente a la superficie del tabique, la pérdida de transmisión aumenta en 6 *decibeles* cada vez que se duplica la abscisa, en lugar de los 5 *decibeles* que se advierten en el gráfico, preparado para incidencia al azar.

Paredes simples

La pérdida de transmisión para paredes simples de construcción homogénea y amortiguadas de manera que no resuenan cuando se las golpea con un martillo, depende del producto de la densidad superficial (masa en Kilogramos por metro cuadrado) y de la frecuencia. El espesor no es por lo general importante para paredes de menos de 30 *cm* de espesor, en la medida en que aumenta la densidad superficial. En la figura se representa una curva de pérdida de transmisión para sonido de incidencia al azar (conceptos del autor citado).

Ejemplo numérico:

Cálculo de la insonoridad de un cerramiento por fórmula vista, luego empleando el gráfico de L. Beranek, agregado en página 25.

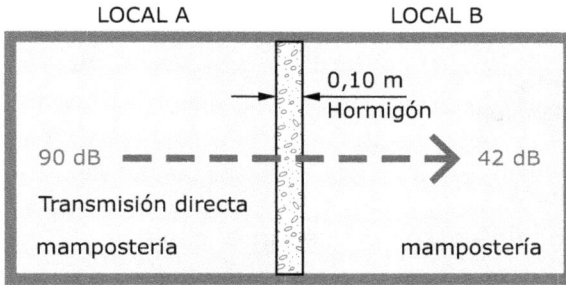

Peso específico hormigón $Pe = 2.500 \, Kg/m^3$
Masa $m = 0{,}10 \, m \times 2500 \, Kg/m^3 = 250 \, Kg/m^2$
Frecuencia de cálculo $f = 500 \, Hz$
$\cos \theta = 1$

$$R \, [dB] = 10 \, log \left(\frac{250 \times 6{,}28 \times 500 \times 1}{802} \right)^2 - 12 = 48 \, dB$$

Empleando gráfico L. Beranek:
$m \times f = 250 \times 500 = 125.000$ dando: $R = 48 \, dB$

Los ruidos que llegan al local *B* tienen: $90 - 48 = 42 \, dB$.

Pesos específicos de los materiales

Se consideran aquellos que resultan de mayor utilidad para nuestro caso. Se detallan en la tabla de página siguiente.

Cerramientos dobles

El reemplazo de paredes únicas construidas con un mismo mate-

Pesos específicos de los materiales

$Pe\ (Kg/m^3)$

Albañilería de ladrillos comunes		1.600
Albañilería de ladrillos huecos	(*)	700
Acero		7.800
Hormigón		2.300
Madera		600
Morteros		1.600
Caucho		1.100
Cobre		8.900
Yeso		1.200
Plomo (Planchas de 0,5 a 5 mm de espesor)		10.600
P.V.C.		1.400
Poliestireno expandido		17
Vidrio		2.500
Corcho		250
Fibrocemento		1.570
Perlita expandida		120
Arena		1.500
Arcilla expandida		500
Lava volcánica		650

(*)   Se da también en Kg/m^2 según el espesor Kg/m^2

Para: 8; 12 y 18 cm (incluyendo mortero)   72 – 93 - 128

rial de iguales características isotrópicas (en términos generales), por otras denominadas dobles (con cámaras de aire o bien rellenadas con materiales de baja densidad tal como por ejemplo las espumas plásticas) o simplemente ventanas con dobles vidrios, obedece a varios factores a saber:

1) Reducción del peso propio, lo que favorece el cálculo al ser menor las cargas estructurales.

2) Lograr una adecuada aislación térmica en beneficio de la economía en calefacción o en refrigeración.

3) Lograr una insonoridad igual o mayor que las paredes llenas, a igualdad de peso propio (con las excepciones que se indicarán). En ventanas mejorar la aislación acústico-térmica.

4) Cambiar el diseño de textura, color y formas y adaptarlos a veces a nuevos conceptos de arquitectura.

El diseño de las paredes dobles no es simple, y en muchos casos ni siquiera puede justificarse, mientras que en otros su uso es la alternativa única, tal como se da con las aberturas que además de aspectos técnicos, deben cumplir con la función esencial: permitir las visuales al exterior.

Un buen diseño de cerramiento doble estará sujeto a exigencias, de las que mencionamos las siguientes:

a) La frecuencia de resonancia propia f_0.

b) La frecuencia critica de los materiales f_c (sobre esto se verá su cálculo mas adelante).

c) La frecuencia de resonancia de la cámara f_n.

a) Esta es recomendable que se encuentre dentro de valores bajos, preferentemente menos que la frecuencia de 125 *Hz*, es decir la primera de la escala que adoptamos en nuestros cálculos como frecuencias de audio para los estudios usuales. La f_0 es variable con la distancia o ancho de la cámara de aire, y del peso de los componentes, tal como se especificará en los ejemplos que se harán. Las frecuencias de audio en nuestras aplicaciones son:

$$125 - 250 - 500 - 1.000 - 2.000 - 4.000 \; Hz$$

Es de hacer notar que en relación a la optimización de las cámaras desde su aspecto de aislantes térmicos la distancia mas adecuada es de 5 centímetros.

b) La frecuencia crítica trae aparejada una reducción mas o menos importante de la insonoridad, esto es según el módulo elástico o módulo de Young, y también de conformidad con las pérdidas internas del propio material (η).Estas bajas en la capacidad de aislamiento o insonoridad oscilan entre 10 y 3 decibeles según algunos autores.

c) Las cámaras de aire son factibles de producir ondas estacionarias, que se reflejan sobre los dos paneles y la consecuencia es que a la frecuencia de resonancia, puede haber una composición de dichas ondas que refuerzan la presión acústica, con lo que se facilita la transmisión del ruido.

Para la frecuencia de resonancia de la cámara f_n, el espesor de misma es igual a la semi longitud de onda del sonido incidente. Resulta:

$$d = \frac{c}{2 f_n}$$

d = ancho de la cámara

$c = V$ = velocidad del sonido en el aire

Lograr una solución que armonice todos los aspectos que se han expuesto no resulta simple, dado las variables indicadas.

La frecuencia de resonancia fo es generalmente alta en relación a lo ya aconsejado en ventanas de doble vidrio, sea para reducir las dimensiones de las carpinterías (ancho), para utilizar diferentes tipos de vidrios (hablamos de dos de distinto espesor) y también sin dejar de lado el problema de la hermeticidad con mas la exigencia de impedir condensaciones internas. Algunos vidrios se tratan con una lámina de un plástico conocido como polivinil butiral, lo que mejora la insonoridad con respecto a los vidrios desnudos. De importancia es en todos los casos, el peso y la separación de los elementos. A mayor distancia entre las láminas y a mayor peso se reduce la frecuencia f_0.

La frecuencia crítica f_c afecta a cada panel, produciendo una pérdida o caída en la insonoridad. Si ambos tienen el mismo espesor e igual frecuencia esta pérdida se incrementa. Conviene pues utilizar distintos espesores.

Las frecuencias de resonancia de las cámaras de aire están dadas por la siguiente expresión:

$$f_n = \frac{n \times 17.000}{d\,(cm)} \quad \text{para: } n = \text{número entero} = 1;\ 2;\ 3 \ldots$$

Luego:

$$f_n = \frac{1 \times 17.000}{d\,(cm)} \quad \text{para: } n = 1$$

$$f_n = \frac{2 \times 17.000}{d\,(cm)} \quad \text{para: } n = 2$$

$$f_n = \frac{3 \times 17.000}{d\,(cm)} \quad \text{para: } n = 3$$

donde mas pequeña la distancia d de la cámara, mayor la frecuencia f_n, caso común en ventanas dobles. La determinación de la insonoridad de un cerramiento doble R *dB*, comprende diferentes pasos. Determinada la frecuencia de resonancia f_0 con el espesor de la cámara y el peso de los paneles o de sus masas, y conocido el valor de K = rigidez de la cámara de aire con fórmula que he propuesto, se adopta la frecuencia de audio mas baja que supere a la de resonancia (que como insistimos debe ser en lo posible baja), es decir comenzando con *125 Hz*, procediendo a calcular primero los valores llamados diferencia y marcados con ▲. Junto a los parámetros del sonido (velocidad y peso específico) incorporados de la manera que propongo en mi fórmula, se procede a determinar *R dB* para 125 *Hz* si se comienza con esta frecuencia (otras veces puede ser 250 *Hz*). Para obtener los valores de *R dB* para la frecuencia que sigue se multiplica por 2 (250 *Hz*); se multiplica por 4 (500 *Hz*); por 8 (1.000 *Hz*); por 16 (2.000 *Hz*); y por 32 (4.000 *Hz*).Varios ejercicios se agregan para aclaración.

Fórmula de cálculo del autor:

(Insonoridad)
$$R = 12 \ log \left(\frac{m_1 \times m_2 \times 2\pi \times f_0 \times \blacktriangle}{2 \times V \times D \times K} \right)^2$$

donde:

$$\blacktriangle = \left(f \ \text{de cálculo} \right)^2 \times 2\pi - f_0^2 \times 2\pi \qquad \text{(valores diferencia)}$$

$$K = \frac{142.000}{d\,(m)} \qquad f_0 = 60 \sqrt{\frac{1}{d\,(m)} \cdot \frac{m_1 + m_2}{m_1 \times m_2}}$$

m_1 y m_2 masas de los paneles en Kg/m^2
D densidad o peso específico del aire = 1,18 Kg/m^3
V 340 m/seg

Resumen

El gráfico (*) indica cual es la solución ideal para un cerramiento doble que cumpla con todas las exigencias. En caso de no ser posible cumplimentarlas a todas, se buscará armonizar el resultado, sacrificando algunas en pos de las otras.

Observaciones

Cuando las cámaras de aire son muy pequeñas (frecuencias de resonancia elevadas), la incidencia que la doble ventana (caso mas general), tiene sobre la insonoridad o bien la atenuación de los ruidos es muy pequeña. En tales casos, puede no haber diferencia entre este método expuesto y el conocido por aplicación de la ley de masas ya que los resultados pueden ser similares y así salvo el problema de la aislación térmica, no hay ventaja de uno sobre otro.

(*)   Según "Acústica de los edificios" de M. Meisser (página 31).

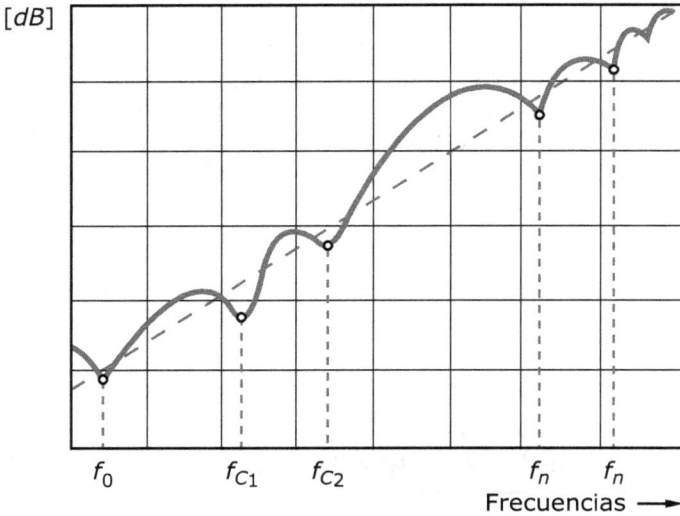

Indice de debilitamiento acústico

Algunos autores como B. F. Day, R. D. Ford y P. Lord limitan el peso total de los cerramientos (o bien el peso de su masa) a 250 Kilogramos por metro cuadrado.

Ejemplos numéricos

Las operaciones obviarán repetir las unidades y su forma de medir (que se indicaron anteriormente).

Calcular la insonoridad R *db* para los siguientes cerramientos, según datos.

1 Dos tabiques de yeso con cámara de aire con dimensiones: $12,5\ mm - 95\ mm - 12,5\ mm$ para los valores de la figura.
Peso específico yeso $= 1.278 = Pe$.

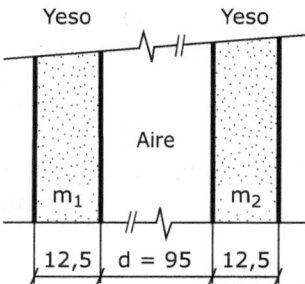

12,5-95-12,5 (medidas en *mm*)

$$m_1 = m_2 = 15,62$$

$$98.125 = 6,28 \times 125^2$$

$$K = 1.494.737$$

$$30.772 = 6,28 \times 70^2$$

$$f_0 = 70\ Hz$$

$$\blacktriangle = 67.353$$

$$R\,dB\,(125\,Hz) = 12\,log\left(\frac{244 \times 6{,}28 \times 70 \times 67.353}{802 \times 1.494.737}\right)^2 = 19\,dB$$

$$R\,dB\,(250\,Hz) = 26\,dB$$

$$R\,dB\,(500\,Hz) = 33\,dB$$

2 Dos tabiques de yeso poroso con cámara de aire. $Pe = 758$

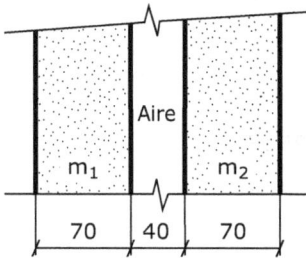

70-40-70 (medidas en *mm*)

$m_1 = m_2 = 51$

$98.125 = 6{,}28 \times 125^2$

$K = 3.550.000$

$22.608 = 6{,}28 \times 60^2$

$f_0 = 60\,Hz$

$\blacktriangle = 75.517$

(*)

$$R\,dB\,(125\,Hz) = 34\,dB$$

$$R\,dB\,(250\,Hz) = 41\,dB$$

$$R\,dB\,(500\,Hz) = 48\,dB$$

Cerramientos dobles

3 Ventana con dos láminas de vidrio. $Pe = 2.500$

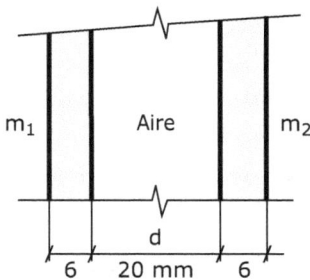

6–20–6 (medidas en *mm*)

$m_1 = m_2 = 15$

$392.500 = 6{,}28 \times 250^2$

$K = 7.100.000$

$150.877 = 6{,}28 \times 155^2$

$f_0 = 155\,Hz$

$\blacktriangle = 241.623$

$$R\,dB\,(250\,Hz) = 23\,dB$$

$$R\,dB\,(500\,Hz) = 30\,dB$$

(*) Las operaciones similares a la indicada en el ejemplo anterior

4 Ventana doble vidrio

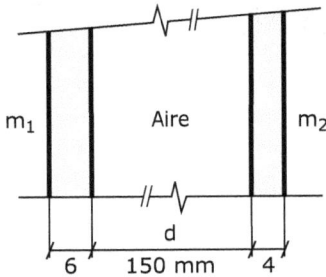

6–150–4 (medidas en *mm*)

$$m_1 = 15 \quad m_2 = 10$$

$$98.125 = 6{,}28 \times 125^2$$

$$K = 946.666$$

$$24.925 = 6{,}28 \times 63^2$$

$$f_0 = 63 \, Hz$$

$$\blacktriangle = 73.200$$

$$R \, dB \, (125 \, Hz) = 18 \, dB$$

$$R \, dB \, (250 \, Hz) = 25 \, dB$$

$$R \, dB \, (500 \, Hz) = 33 \, dB$$

5 Ventana doble vidrio

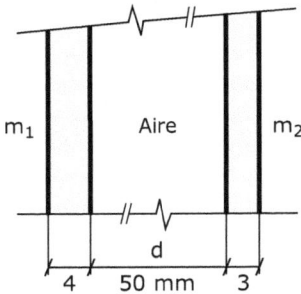

4–50–3 (medidas en *mm*)

$$m_1 = 10 \quad m_2 = 7{,}5$$

$$392.500 = 6{,}28 \times 250^2$$

$$K = 2.840.000$$

$$106.132 = 6{,}28 \times 130^2$$

$$f_0 = 130 \, Hz$$

$$\blacktriangle = 286.368$$

$$R \, dB \, (250 \, Hz) = 22 \, dB$$

$$R \, dB \, (500 \, Hz) = 28 \, dB$$

6 Ventana doble vidrio

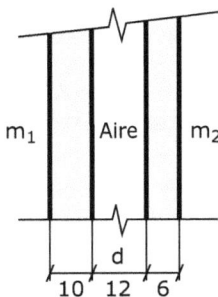

10–12–6 (medidas en *mm*)

$$m_1 = 25 \quad m_2 = 15$$

$$392.500 = 6{,}28 \times 250^2$$

$$K = 11.360.000$$

$$201.217 = 6{,}28 \times 179^2$$

$$f_0 = 179 \, Hz$$

$$\blacktriangle = 191.283$$

$$R\,dB\,(250\,Hz) = 22\,dB$$

$$R\,dB\,(500\,Hz) = 30\,dB$$

7 Ventana doble vidrio

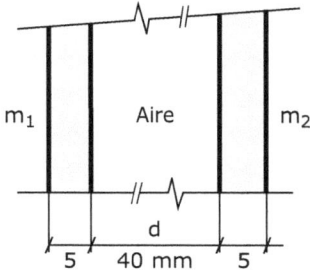

5–40–5 (medidas en *mm*)

$$m_1 = m_2 = 12,5$$

$$392.500 = 6,28 \times 250^2$$

$$K = 3.550.000$$

$$90.432 = 6,28 \times 120^2$$

$$f_0 = 120\,Hz$$

$$\blacktriangle = 302.068$$

$$R\,dB\,(250\,Hz) = 26\,dB$$

$$R\,dB\,(500\,Hz) = 34\,dB$$

Observaciones

En los ejemplos numéricos 6–20–6 ; 5–50–3 ; 10–12–6 y 5–40–5 las frecuencias de resonancia f_0 quedan incluidas dentro de las de audio, a causa de los espacios de aire utilizados. Cámaras de aire pequeñas en aberturas como las que se presentaron en los ejemplos, no significan insonoridades muy diferentes a las calculadas por ley de masas.

CRITERIOS PARA EL DISEÑO DE CERRAMIENTOS DOBLES

Haremos algunas consideraciones respecto de la insonoridad R dB de tales cerramientos, conforme los valores que se adopten para la separación de los elementos y también el peso de los mismos. Estos conceptos complementan los anteriormente vertidos en la introducción del tema.

Refiriéndonos al ejemplo numérico visto, las insonoridades eran:

10–12–6

$$R\,dB\,(250\,Hz) = 22\,dB$$

y

$$R\,dB\,(500\,Hz) = 30\,dB$$

Aplicando los conocidos conceptos de que cámaras de aire pequeñas (12 mm), junto a la dimensión de los elementos deben ser analizados de tal modo de reducir las frecuencia de resonancia f_0, se propone en este ejemplo llevar el valor de "d" de 12 a 20 mm, manteniendo constantes los pesos de los componentes que eran:

$m_1 = 25$ $m_2 = 15$; es decir con un peso total de 40 (25 + 15)

Volvemos a calcular, y tenemos:

K = 7.100.000   392.500 = 6,28 x 250 ^{2}

f_0 = 138 Hz 119.596 = 6,28 x 138 ^{2}

$$\blacktriangle = 272.904$$

$$R\,dB\,(250\,Hz) = 29\,dB \qquad R\,dB\,(500\,Hz) = 36\,dB$$

Calculando ahora con ley de masas (con fórmula ya vista), tenemos una capacidad de insonorizar no muy diferente al hallado, lo que se explica con motivo del efecto de cámaras de aire pequeñas que conducen a valores altos de la frecuencia fo en cerramientos dobles, lo que no conviene, salvo la necesidad de reducir el ancho de las aberturas.

$$R_1\,dB\,(250\,Hz) = 10\,log\left(\frac{40 \times 6,28 \times 250}{802}\right)^2 - 12 = 26\,dB$$

$$R_1 \, dB\,(500\,Hz) = 32\,dB$$

Conclusiones:

Con el aumento del espesor de la cámara de aire, la insonoridad del cerramiento se ha incrementado. Estas cámaras a veces se rellenan con materiales de alto poder absorbente (para casos distintos a las ventanas), cuyo objeto es eliminar las resonancia de la misma cámara (f_n). Por lo dicho, los resultados de cálculos de insonoridad partirán de frecuencias bajas de f_0. Las cámaras de aire pueden ser de menores dimensiones cuando los elementos sean mas pesados. Por ejemplo para dos tabiques de yeso de $51\,Kg/m^2$ cada uno, separados en $20\,mm$ (igual que antes), el valor de f_0 sería: $84\,dB$, resultado adecuado.

FRECUENCIA CRITICA

Los cerramientos (paredes simples y dobles, vidrios, etc.), bajo presión acústica vibran a una determinada frecuencia, que como hemos visto se expresa en *Hz* o *ciclos por segundo*, y que en determinados momentos puede llegar a ser la *"crítica"*, que es aquella para la cual hay una pérdida para insonorizar o bien aislar un ruido adecuadamente. En lo que sigue, he buscado una expresión que permita valorar estas pérdidas.

Todos los materiales tienen una estructura interna que se comporta de diferente manera en presencia de los ruidos, interfiriendo en mayor o menor grado el paso de los mismos. Muchos de ellos ocasionan pocas pérdidas de energía sonora, es decir no oponen mucha resistencia a su paso (por ejemplo, vidrios), mientras que otros actúan en sentido contrario (por ejemplo, corcho). En general llamaremos **Perdidas** a la capacidad de degradar la energía sonora, y la identificaremos con valores numéricos según los materiales a saber:

Material	Pérdidas η
Plomo	0,1
Corcho	0,2
Caucho	0,4
Madera	2 x 0,01
Ladrillos (llenos)	1 x 0,01
Policloruro de vinilo	4 x 0,01
Poliestireno expandido	1 x 0,01
Acero	4 x 0,0001
Hormigón	5 x 0,001
Cobre	2 x 0,001
Yeso	5 x 0,001
Vidrio	5 x 0,001

Fórmula que se propone:

$$R_C \, dB = \left[10 \, log \left(\frac{m \times \omega C \times cos\theta}{802} \right)^2 - 12 \right] - 4 \, log \frac{1}{\eta}$$

ω_C pulsación para la frecuencia crítica = 2 x 3,14 x f_C

f_C frecuencia crítica para todos los materiales, (ver tabla mas adelante)

Ejemplos numéricos: (tomaremos en general $\cos \theta = 1$)

1 Calcular la insonoridad de un vidrio 6 *mm* a la frecuencia crítica.

$$m = 15 \qquad \eta = 5 \times 0,001 \qquad f_C = \frac{1.200}{0,6} = 2.000 \, Hz$$

(operaciones algebraicas solo en este caso)

$$R_C \, dB = \left[10 \log\left(\frac{15 \times 6,28 \times 2.000}{802} \right)^2 - 12 \right] - 4 \log \frac{1.000}{5} =$$

$$= 35 - 4 \times 2,3 = 26 \, dB$$

2 Idem corcho 4 " = 100 *mm* = 10 *cm*

$$m = 250 \times 0,10 = 25 \qquad \eta = 0,2 \qquad f_C = \frac{18.000}{10} = 1.800 \, Hz$$

$$R_C \, dB = 39 - 4 \times 0,69 = 36 \, dB$$

3 Idem plomo de 2 *mm*

$$m = 10.000 \times 0,002 = 21,2 \qquad \eta = 0,1 \qquad f_C = \frac{8.000}{0,2} = 40.000 \, Hz$$

$$R_C \, dB = 64 - 4 = 60 \, dB$$

4 Idem vidrio de 4 *mm*

$$m = 2.500 \times 0,004 = 10 \qquad \eta = 5 \times 0,001 \qquad f_C = \frac{1.200}{0,4} = 3.000 \, Hz$$

$$R_C \, dB = 35 - 9,2 = 26 \, dB$$

5 Idem hormigón 15 *cm* = 0,15 *m*

$$m = 2.400 \times 0,15 = 360 \qquad \eta = 5 \times 0,001 \qquad f_C = \frac{1.800}{15} = 120 \, Hz$$

$$R_C \, dB = 39 - 9 = 30 \, dB$$

6 Idem ladrillo lleno 15 $cm = 0,15\ m$

$$m = 1.800 \times 0,15 = 270 \qquad \eta = 0,01 \qquad f_C = \frac{2.500}{15} = 167\ Hz$$

$$R_C\ dB = 39 - 8 = 31\ dB$$

7 Idem yeso 7 $cm = 0,07\ m$

$$m = 1.200 \times 0,07 = 84 \qquad \eta = 5 \times 0,001 \qquad f_C = \frac{4.000}{7} = 571\ Hz$$

$$R_C\ dB = 39 - 9 = 30\ dB$$

FORMAS DE TRANSMISION DEL SONIDO ENTRE PARTES CONSTRUCTIVAS DE LOS LOCALES
(cuando tienen paredes comunes)

En forma bastante generalizada, los cálculos de la insonoridad de los **cerramientos** que separan dos ambientes, consideran a estos como elementos independientes de sus entornos, y nada se dice sobre que tipo de uniones o vinculaciones tienen con otros, y de que manera los caminos que toman los ruidos o sonidos que siguen en su propagación, los afectan.

Un caso simple muy común es una pared gruesa y pesada que hace contacto por sus aristas con otras mas delgadas y livianas (además del contacto con el piso y con los plafones o techos). En estos casos puede suceder, que los ruidos desde un local hacia el otro se conduzcan mas por las paredes finas que por las gruesas.

En la práctica se consideran cuatro caminos de paso del sonido de un local al otro que es vecino. En el gráfico adjunto están indicados con números:

1. Sonido directo por la pared de separación.
2. Sonido por paredes laterales.
3. Sonido por pared lateral y de separación.
4. Sonido por pared de separación y pared lateral.

TRANSMISION DE SONIDO ENTRE LOCALES

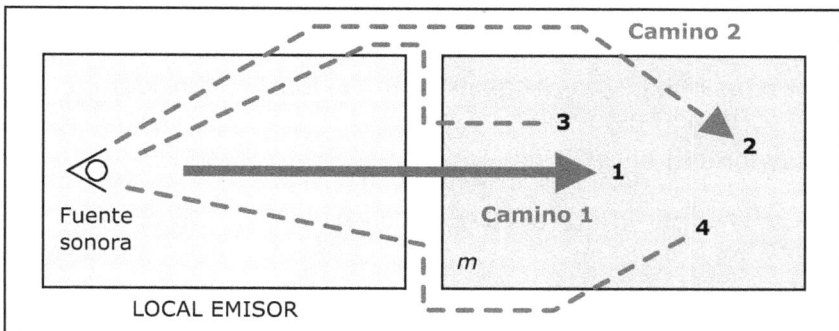

CAMINO 1: Pared de separación	*Transmisión directa*
CAMINO 2: Pared lateral	*Transmisión indirecta*

En nuestro caso tomaremos en consideración además del sonido directo, el que sigue el camino 2, que estimamos que dentro de lo complejo de estos cálculos, es el que más sencillo resulta.

Los ruidos de impactos son difíciles, sino imposibles de combatir y aquí nos referiremos solo a los que vienen por vía aérea desde una fuente sonora.

Análisis de la transmisión por el Camino 2 de la figura

Los ruidos que se transmiten por este camino merecen estas consideraciones, según R. Josse: "La unión entre la pared de separación de masa *m* y la lateral de masa *m lat*, será débil o fuerte, según la relación de las masas. En función de este última, como se verá, pasaran mas o menos ruidos o sonidos por una u otra. En todos los casos es interesante considerar esta transmisión que puede dar como resultado, que los mismos usualmente calculados por el Camino 1 (sonido directo) únicamente, se vean incrementados por los que se ganan por otro camino", (el 2 en nuestro caso).

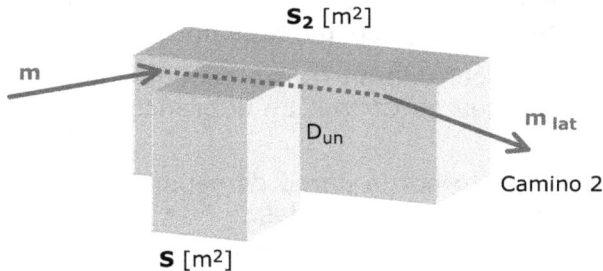

Transmisión del sonido entre locales. Nudo

Como se indica en la figura, llamamos:

$$D_{un} = \text{debilitamiento de la unión}$$

Los ruidos que llegan desde el local *A* al local *B*, considerando ese Camino 2, tienen este valor:

(I = insonoridad en *dB*).

$$I_2 \, db = I \, db \text{ pared lateral} + D un + 10 \, logaritmo\frac{S}{S_2} - 10 \, logaritmo \, G_2$$

siendo:

I_2	Insonoridad por el Camino 2
I	Insonoridad del cerramiento lateral

$$D_{un} \quad \text{debilitamiento de la unión} = 20 \, logaritmo \frac{m}{m \, lat} + 12$$

con la condición:

$$\frac{m_{lat}}{m} < 3$$

Si:

$$\frac{m_{lat}}{m} > 3 \quad \text{el debilitamiento es nulo}$$

Nomenclatura:

G_2 Factor de irradiación de la pared $= \dfrac{1}{\sqrt{1 - \dfrac{f_C}{f}}}$

f_C Frecuencia crítica

f Frecuencia de cálculo

$S \, (m^2)$ Superficie en metros cuadrados de la pared de separación

$S_2 \, (m^2)$ Superficie en metros cuadrados de la pared lateral

La fórmula sería:

$$I_2 \, (db) = I \, (db) + 20 \, log \frac{m}{m \, lat} + 12 + 10 \, log \frac{S}{S_2} - 10 \, log \frac{1}{\sqrt{1 - \dfrac{f_C}{f}}}$$

(ver ejemplo). El empleo de la letras R o I para la insonoridad, se hace por respeto a las fórmulas originales escritas por sus autores.

Características de algunos materiales

(Sistema de unidades internacionales) (*)

Impedancia Z de las ondas longitudinales	Módulo de elasticidad $E \, (N/m^2)$		Celeridad de las ondas longitudinales $C \, l \, (m/seg)$
46×10^6	Acero	220×10^9	5.900
7×10^6	Hormigón	23×10^9	3.160
$0,4 \times 10^6$	Maderas (abeto)	$0,3 \times 10^9$	700
5×10^6	Ladrillo macizos	16×10^9	3.000
$0,07 \times 10^6$	Caucho	$0,005 \times 10^9$	67
33×10^6	Cobre	125×10^9	3.700
$0,09 \times 10^6$	Corcho	$0,03 \times 10^9$	346
$2,9 \times 10^6$	Yeso	7×10^9	2.400

(*)   Según R. Josse cit.

Características de algunos materiales (Continuación)

Impedancia Z de las ondas longitudinales	Módulo de elasticidad E (N/m^2)		Celeridad de las ondas longitudinales $C\,l$ (m/seg)
14×10^6	Plomo	71×10^9	2.400
$0,2 \times 10^6$	Policloruro vinilo	$0,03 \times 10^9$	146
6×10^3	Poliestireno exp.	2.6×10^6	425
12×10^6	Vidrio	62×10^9	5.000

Observaciones:

La velocidad en los sólidos es mayor cuando mayor es su módulo de elasticidad, en este caso expresado en Newton por metro cuadrado.

Transmisión de ruidos por paredes (Continuación)

El local *A*, separado del local *B* por una pared que los aísla, emite ruidos que alcanzan una intensidad sonora de 90 *dB*, provocados por una fuente sonora *F*.

Espesores de paredes en el nudo que las enlaza: (ver fig.)

$$m_{lat} = 0,10\,m \quad ; \quad m = 0,11\,m$$

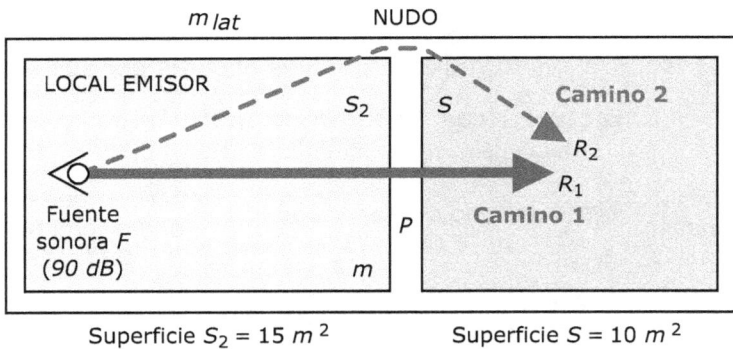

Superficie $S_2 = 15\,m^2$ Superficie $S = 10\,m^2$

Consideraciones:

Los ruidos que llegan al local *B*, no son los que únicamente siguen el Camino 1 como comúnmente se supone. La incidencia de los que llegan por el Camino 2 y que se suman a los anteriores puede dar lugar a resultados no previstos, tal como veremos. Designamos:

f_C frecuencia crítica

f frecuencia de cálculo (tomamos 500 *Hz*)

G_2 = Factor de irradiación de la pared $= \dfrac{1}{\sqrt{1-\dfrac{f_C}{f}}}$

$D\,un = 20\,logaritmo\dfrac{m}{m\,lat} + 12$

= debilitamiento de la unión

$\dfrac{m_{lat}}{m} < 3$ Condición para que haya debilitamiento de la unión

$I\,db$ = Insonoridad de la pared lateral

Frecuencia crítica de la pared lateral que va a irradiar sonido desde *A* hasta *B*, por el Camino 2. Se calcula con la siguiente expresión:

$$f_C = \frac{C^2\,[m/seg]}{2\times\pi\times h\,(m)} \times \sqrt{\frac{12\times\rho\,\left[Kg/m^3\right]}{E\,\left[N/m^2\right]}\left(1-\mu^2\right)}$$

C = 340 *m*/seg

$h\,(m)$ = espesor de pared en *metros*

E = Módulo elástico = 7×10^9 en este ejemplo

ρ = *Pe* de la mampostería = 1.000 en este ejemplo

μ = Coeficiente de Poisson = 0,25 en este ejemplo (*)

Cuando falta el acortamiento transversal $\mu = 0$.
En sustancias cuyo volumen no varía con la tracción, $\mu = 0,5$
En general los valores de cálculo se encuentran entre estos:

Para hierro $\mu = 0,3$
Para hormigón $\mu = 0,16$

Para nuestras aplicaciones tomaremos valores comprendidos entre 0,25 y 0,30.

Previo al desarrollo del ejemplo numérico, se hacen las determinaciones de las insonoridades de cada uno de los elementos que conforman la unión o enlace, en forma separada y por aplicación de la ley de masas, que se vio anteriormente.

(*)   Resulta del cociente entre acortamiento transversal y el alargamiento longitudinal en un material sometido a tensiones (tracción).

Pared de ladrillos (Pared lateral = m_{lat} Ladrillos de yeso).

$Pe = 1.000 \; Kg/m^3$
Espesor $= 0,10 \; m$
$\cos \theta = 1$

$$R \, dB = 10 \, log\left(\frac{100 \times 6,28 \times 500}{802} \right)^2 - 12 = 39 \, dB$$

Pared-tabique (de ladrillo hueco de $0,08 \; m = m$)

$Pe = 1.100 \; Kg/m^3$
Espesor $= 0,11$ con revoques
$\cos \theta = 1$

$$R \, dB = 10 \, log\left(\frac{120 \times 6,28 \times 500}{802} \right)^2 - 12 - 5 = 36 \, dB \qquad (*)$$

Ejemplo numérico:

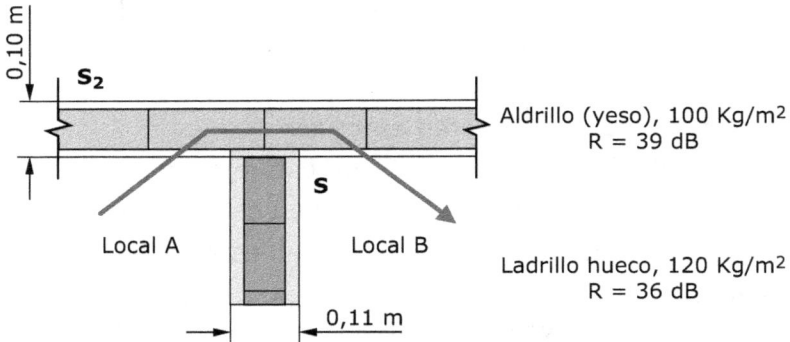

Aldrillo (yeso), 100 Kg/m2
R = 39 dB

Ladrillo hueco, 120 Kg/m2
R = 36 dB

$$S_2 = 15 \; m^2 \qquad S = 10 \; m^2$$

$$\mu = 0,25 \qquad \mu^2 = 0,06 \qquad 1 - 0,06 = 0,94$$

$$f_C = \frac{115.600}{6,28 \times 0,10} \cdot \sqrt{\frac{12 \times 1.000 \times 0,94}{7 \times 1.000.000.000}} =$$

$$= 184.076 \times 0,001269 = 233 \, Hz$$

$$G_2 = \frac{1}{\sqrt{1 - \dfrac{233}{500}}} = 1,38$$

$(*)$ Se restaron 5 *dB* por ser pared sonora (según recomienda L. Beranek).

$$\frac{m\,lat}{m} = \frac{100}{120} = 0,8 < 3 \quad \text{(hay debilitamiento de la unión)}$$

$$I_2\, dB = 39 + 20\,log\frac{120}{100} + 12 + 10\,log\frac{10}{15} - 10\,log\,1,38 - 6 = \qquad (*)$$

$$= 39 + 2 + 12 - 2 + 1 - 6 = 46\,dB$$

Por el Camino 1 pasan al local: $90 - 36 = 54\,dB$

Por el Camino 2 pasan al local: $90 - 46 = 44\,dB$

Gráfico para calcular el debilitamiento D_{un}

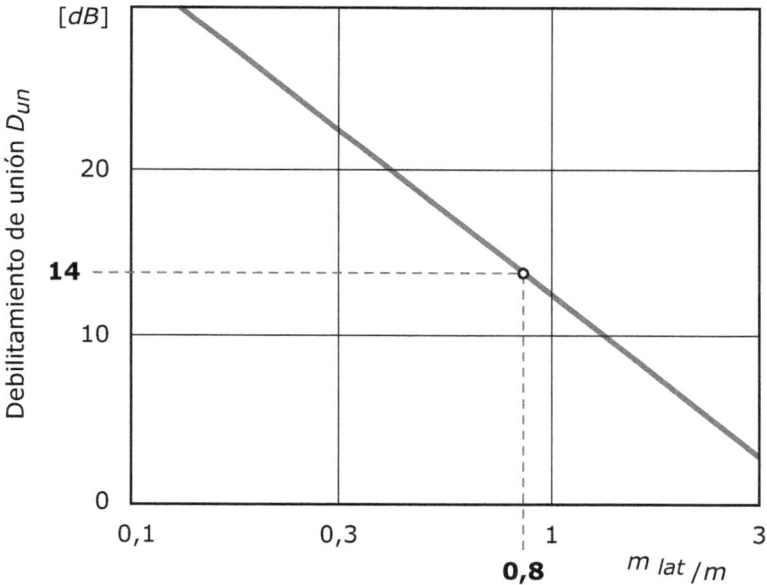

(*)   Se restan 6 *dB* pues hay cuatro caminos 2 (dos muros, un piso y un techo).

ONDAS DE FLEXION

Cuando el sonido se propaga por el aire, choca contra los cerramientos y lo hace según diversos ángulos. Por otra parte se debe considerar la delgadez de aquellos, ya que como consecuencia del impacto pueden originarse las llamadas ondas de flexión, las que recorren y afectan el material, llegando hasta hacerlo vibrar u ondular (se puede imaginar esto como la figura de una chapa que serpentea). Esta característica es propia de los cerramientos de poco espesor. Las ondas que así se originan son denominadas ondas de flexión, las que se desplazan dentro del material con velocidad C_f (celeridad). Como resultado del movimiento de flexión, estas ondas emiten o irradian nuevas ondas en forma simétrica hacia ambos lados.

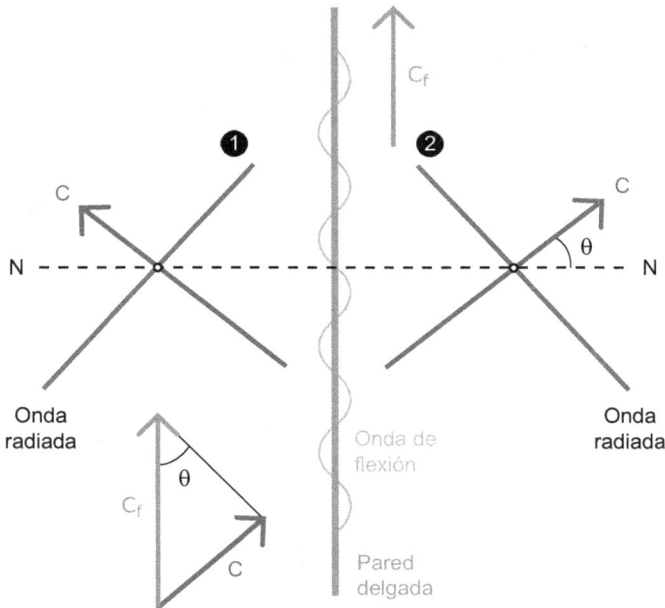

En la figura se muestra el cerramiento ondulando, y las ondas o sus trazas hacia ambos lados 1 y 2 N-N es la normal en un punto cualquiera. C_f es la velocidad o la celeridad de la onda y C la de las ondas radiadas (frente de onda). La composición de las velocidades nos permite determinar el valor de un ángulo denominado de coincidencia θ (no confundir con el empleado en ley de masas), y cuya expresión es:

$$sen\ \theta = \frac{C}{C_f} \qquad C_f = C\sqrt{\frac{f}{f_C}} \qquad\qquad (I)$$

El factor de irradiación ya indicado era $G = \dfrac{1}{\sqrt{1 - \dfrac{f_C}{f}}}$

siendo:

f_C frecuencia crítica vinculada a la elasticidad del material
f frecuencia de cálculo
C 340 *m/seg* (velocidad del sonido en el aire)

Las frecuencias de audio en general en estos estudios se toman según esta escala:

125, 250, 500, 1.000, 2.000, 4.000 *Hz*

La frecuencia como se sabe, significa que a cada duplicación de la misma se aumenta la altura del tono en una octava.

Respecto de la fórmula (I) consideraremos lo siguiente. Debe ser:

$$C_f > C$$

ya que el seno de θ debe ser igual o inferior a 1. En consecuencia para f mayor que f_C, se dice que la pared irradia.

El factor de irradiación tiende a ser la unidad (es decir uno), para valores de f superior a f_C, tiende a infinito para $f = f_C$, y tiende a cero para $f < f_C$ (ver figura abajo).

Para la condición:

$$f > f_C \qquad y \qquad f = \frac{f_C}{sen^2\ \theta}$$

se produce resonancia y la ley de masas:

$$R\ dB = 10\ log\left[\frac{m \times \omega \times cos\ \theta}{802}\right]^2 - 12 \qquad\qquad (II)$$

deja de tener valor.

La insonoridad queda determinada por la siguiente expresión:

$$R\,dB = 10\,log\left[\,1 + \left(\frac{m \times \omega \times cos\,\theta}{802} \cdot \eta\right)^2\,\right] \qquad (III)$$

siendo η el factor de pérdidas que limitan la resonancia (cuyos valores se observan en la tabla correspondiente).

FACTOR DE IRRADIACION DE UNA PARED DE DIMENSIONES
FINITAS, RECORRIDA POR ONDAS DE FLEXION LIBRES

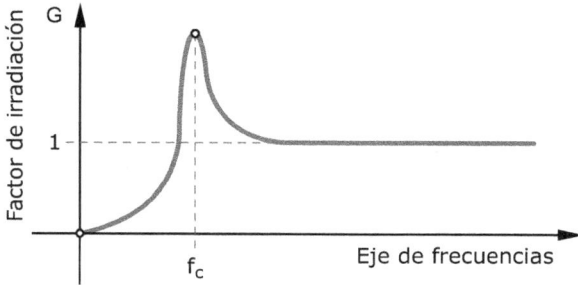

Material	Frecuencias críticas f_c por 1 cm de espesor
Ladrillo	2.000 hasta 5.000
Hormigón	1.800
Bloques de cemento	2.700
Yeso	4.000
Vidrio	1.200
Madera (pino)	6.000 hasta 18.000
Acero	1.000
Aluminio	1.300
Plomo	8.000
Poliestireno expandido	14.000
Corcho	18.000
Goma	85.000

Cuando $\eta = 0$, $R\,dB = 0$ la transmisión del sonido es total (aislación nula). Para valores mayores de η (caucho, corcho, plomo) aumenta la insonoridad, pero para la mayoría de las pérdidas pequeñas disminuye hasta valores muy por debajo de los que suministra la expresión matemática (II).

La frecuencia crítica era:

$$f_C = \frac{c^2}{2 \times \pi \times h} \cdot \sqrt{\frac{12 \times \rho \left(1 - \mu^2\right)}{E}}$$

La misma fórmula se escribe:

$$f_C = \frac{c^2}{2 \times \pi} \cdot \sqrt{\frac{M}{B}}$$

siendo:

$$B = \frac{E \times h^3}{12 \times \left(1 - \mu^2\right)}$$

Se denomina B a la rigidez a la flexión.

Indicaciones:
$\rho = Pe$; $M = $ Masa $= Kg/m^3 \times h\,(m)$; $h = $ espesor (m)
Se tendrá en cuenta:

Si $f = f_C$ $C = C_f$ las ondas son rasantes, la radiación intensa, la transmisión es total, y la aislación nula ($cos\,\theta = cos\,90° = 0$).

Si $f < f_C$ $C < C_f$ la pared no irradia.

Si $f > f_C$ $C_f > C$ la pared irradia.

Anteriormente, se ha trascripto una tabla conteniendo las frecuencias críticas para diferentes materiales por *cm* de espesor. Para otros espesores se reducen en la medida de estos.

Ejemplo numérico

Calculamos la insonoridad de un cerramiento de corcho, por ley de masas (a) y luego con intervención de la elasticidad del material (b).

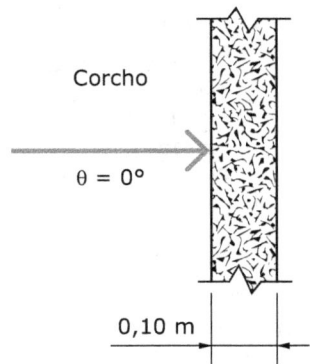

Corcho

$\theta = 0°$

0,10 m

(a) Ley de masas:

Peso corcho $= Pe \times espesor = 250 \times 0,10 = 25$

Frecuencia de cálculo: 2.500 *Hz*

$$R\,[dB] = 10\,log\left[\frac{25 \times 6,28 \times 2.500}{802}\right]^2 - 12 = 41\,dB \qquad \text{Fórmula (II)}$$

(b) Con intervención de la elasticidad:

Para ondas de flexión, que se dan en cerramientos delgados el cálculo es el siguiente:

Para 10 *cm* de espesor la frecuencia crítica es:

$$f_C = \frac{18.000}{10} = 1.800$$

(La tabla da el valor de f_C para 1 *cm* de espesor)

Será condición:
$$f > f_C$$

Frecuencia de cálculo $f = 2.500$ *Hz* igual que en el caso (a)

Calculamos primero el ángulo de coincidencia θ:

para $C = 340$ y $\eta = 0,2$ (ver tabla)

$$C_f = 340\sqrt{\frac{2.500}{1.800}} = 401 = \frac{C}{sen\,\theta} \qquad \text{Fórmula (I)}$$

$$sen\,\theta = \frac{C}{C_f} = \frac{340}{401} = 0,84$$

luego:
$$\theta = 58° \qquad cos\,\theta = 0,53$$

Por fórmula (III):

$$R\,[dB] = 10\,log\left[1+\left(\frac{25\times 6,28\times 2.500\times 0,53}{802}\times 0,2\right)^2\right] =$$

$$= 10\,log\left[1+51,8^2\right] = 10\,log\,2778 = 34$$

Diferencia entre (a) y (b):
$$41 - 34 = 7\ dB$$

Para factores de pérdidas más pequeños (2 x 0,0001 o bien 5 x 0,001; etc.) las pérdidas son muy grandes.

Transmisión de un campo difuso

Dice R. Josse: "Cuando un local de volumen suficiente y reverberante en cuanto a los sonidos que en el se producen, el camino de las ondas sonoras se multiplica, hay infinidad de ondas planas que chocan contra los cerramientos, y aunque lo hacen con la misma amplitud, los ángulos de incidencia y de fase son cualesquiera". La insonoridad queda expresada en función del ángulo de incidencia por:

$$R\,[dB] = 20\,log\,\frac{m\cdot\omega}{2\cdot\rho\cdot C} + 10\,log\,\frac{\omega}{\omega\,C} - 10\,log\,\frac{1}{\eta} - 3$$

siendo $\omega\,C$ la pulsación para la frecuencia crítica

Ejemplo numérico

Calcularemos la insonoridad de un cerramiento de vidrio de 12 *mm* de espesor, sin y con intervención de la elasticidad.

$$f_C = 1.000\,Hz \qquad masa = 2.500 \times 0,012 = 30$$

a) Sin intervención de la elasticidad, por la ley de masas con *cos* θ = 1 o bien ángulo de incidencia θ = 0° y para las frecuencias 125; 250; 500 y 1.300 *Hz*.

$$V = C = 340\,m\,/seg$$

(b) Con intervención del ángulo de coincidencia (para la frecuencia 1.300 *Hz*)

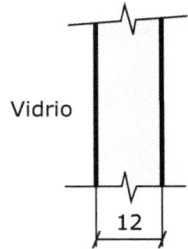

Vidrio

12

Desarrollo (a)

Para: 125 Hz

$$R\,[dB] = 10\,log\left[\frac{30\times6,28\times125}{802}\right]^2 - 12 = 29 - 12 = 17\,dB$$

250 Hz	$R\,[dB]$ = 23 *dB*
500 Hz	$R\,[dB]$ = 29 *dB*
1.300 Hz	$R\,[dB]$ = 38 *dB*

Desarrollo (b)

$$f_C = \frac{1.200}{1,20} = 1.000 \qquad f > f_C$$

Las pulsaciones valen:

$$\omega = 6,28 \times 1.300 = 8.164$$
$$C = 6,28 \times 1.000 = 6.280$$

$$C_f = 340\sqrt{\frac{1.300}{1.000}} = 300\times1,4 = 387$$

$$sen\,\theta = \frac{340}{387} = 0,87$$

$\theta = 61°$ cumpliéndose la condición: $f = \frac{1.000}{0,87^2} = 1.300$

$$\eta = 5 \times 0,001$$

Finalmente:

$$R\,[dB] = 20\,log\,\frac{30 \times 6,28 \times 1.300}{802} + 10\,log\,\frac{8.164}{6.280} - 10\,log\,\frac{1}{\dfrac{5}{1.000}} - 3$$

$$R\,[dB] = 50 + 1 - 23 - 3 = 25\,dB$$

Debido a las diferentes insonoridades que un cerramiento tiene de acuerdo a la variación de la frecuencia, dentro de las variantes que introduce la relación f y f_C (crítica), es decir dentro del intervalo comprendido entre $f < f_C$ y $f > f_C$, pueden resumirse los siguientes resultados prácticos, según el autor antes citado (R. Josse).

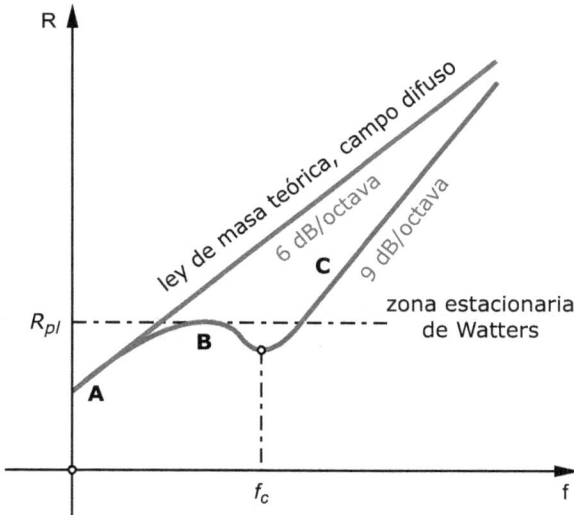

El gráfico da el valor de la insonoridad o índice de debilitamiento R_{pl} a la frecuencia crítica para campo de incidencia difuso.

Ejemplo

Cerramiento de yeso de 7 cm de espesor y 65 Kg / m² de masa;

$R_{pl} = 28$ *dB* que se representa por el punto *A* de la figura.

Valor de la zona estacionaria de Watters para cerramientos de yeso, ladrillo y hormigón

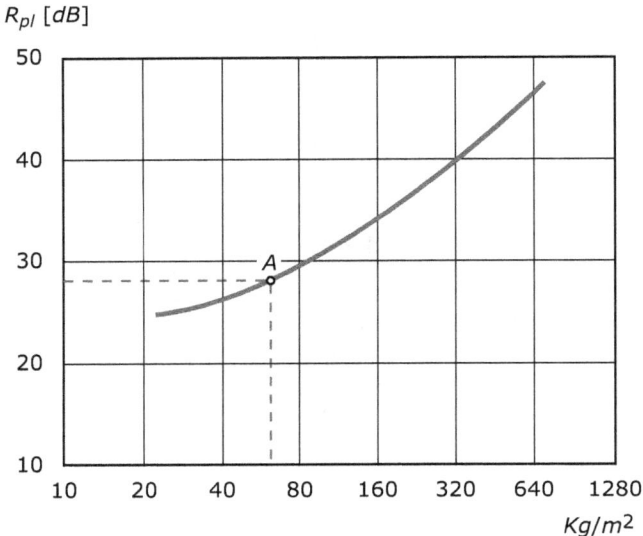

R_{pl} [*dB*]

$$f_C = \frac{4.000}{7} = 572\,Hz$$

Absorbentes de alta frecuencia

La totalidad de los materiales con que se construyen los edificios tienen una textura determinada, la que nos permite clasificarlos como lisos o rugosos. Esto va a determinar su capacidad de respuesta en términos de absorción de sonidos, a los que degradará en mayor o menor medida, o dicho en otros términos, que cualidades tienen a esos efectos.

Una manera simple de apreciar la absorción que son capaces de hacer los materiales, puede ser comparando por ejemplo una habitación desnuda sin equipamiento alguno, donde se escucha una conversación. Luego otra con equipamiento (muebles, alfombras, cortinas y otros elementos), y donde también hay conversación. Las dimensiones de ambas son las mismas. En la terminología de la gente común se dirá de estos ambientes que: el primero retumba o reverbera, en tanto que otro es calmo. La medida de la claridad con que se escuchan las palabras está dada por la Inteligibilidad, tema este que está en relación con un parámetro llamado S.I.L., que es usual en los estudios de nivel en Acústica y que no es tratado en la presente publicación.

W. Weisse en su libro "Acústica de los locales", Edit. G. Gili dice: "El mecanismo de absorción de los sonidos en los cuerpos porosos puede explicarse del modo siguiente:- Al llegar una onda sonora a una pared recubierta con un material poroso, penetra dentro de estos últimos. Las partículas de aire que se mueven en uno u otro sentido, convierten en calor parte de su energía cinética, a causa del rozamiento en los poros del material, resultando de aquí que la onda reflejada tiene bastante menos intensidad que la incidente".

"El grado de absorción de los cuerpos porosos depende de una serie de circunstancias relacionadas con la estructura del cuerpo. Unicamente diremos que los materiales mas indicados son aquellos análogos a la piedra pómez, a través de la cual puede soplarse aplicando la boca a la misma. En este caso, los poros están unidos entre sí y permiten la penetración de la onda sonora, mientras que en los cuerpos que no gozan de aquella, puede decirse que están compuestos de vesículas aisladas unas de otras, y el rozamiento de la partículas de aire en vibración (sonido), únicamente tiene lugar en la superficie exterior".

"Todos los cuerpos porosos absorben mejor los sonidos de frecuencia elevada y menos los de baja".

Un fabricante de materiales acústicos dice: "Su diseño anguloso ofrece un área mayor que las superficies planas, maximizando el área efectiva de control acústico. Sus facetas deflectan y dispersan las ondas sonoras, permitiendo transformar la energía sonora en energía cinética".

El autor ya nombrado R. Josse da esta explicación: "Si el material poroso se halla adosado a una pared reflectora, la onda sonora tras atravesarlo se refleja y vuelve a salir después de atravesarlo en sentido inverso".

"Cuando más poroso es un material, mayor deberá ser su espesor, pues de lo contrario la onda no pierde prácticamente energía mientras lo atraviesa".

En general el coeficiente de absorción de un material poroso aumenta con la frecuencia. Es nulo a las bajas frecuencias, y próximo a 1 (para los buenos materiales) a las frecuencias agudas.

El cálculo acústico para reducir los ruidos interiores o bien atenuarlos, requiere del conocimiento de la capacidad de absorción de cada material a las frecuencias usuales de audio, es decir:

$$125 - 250 - 500 - 1.000 - 2.000 - 4.000 \; Hz$$

A partir de la primera, las restantes se obtienen por duplicación, lo que como se dijo antes significa que hay un aumento de una octava en la altura del tono, para cada una de aquellas.

El fabricante suministra unos coeficientes de absorción que comúnmente se designa con la letra griega α, y que son obtenidos en laboratorios de ensayos especializados. Con estos, y conociendo las superficies a cubrir disponibles, se forman los productos:

α x Superficies (metros cuadrados) = *U.A.* unidades Sabine

donde: U.A. = unidades de absorción (metros cuadrados)

Estos productos se hacen con el α correspondiente a cada frecuencia. También es usual emplear un coeficiente promedio para todas las frecuencias, mas conocido por su sigla N.C.R.

Aspectos constructivos

Los absorbentes en general se fabrican con espumas plásticas flexibles a base de poliuretano y poliéster. Su textura y color son variables, así como sus dimensiones (suministradas también por el fabricante), y se pueden realizar con ellos excelentes diseños interiores.

Absorbentes de sonido en un auditorio

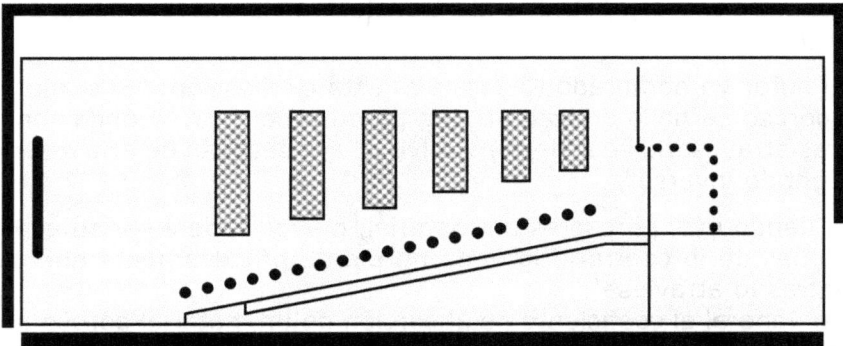

Corte longitudinal

Material absorbente sonoro de alta frecuencia colocado en superficie fraccionada.

La tendencia a fraccionar las superficies destinadas a la colocación de absorbentes, tiene su fundamento,toda vez que el grado de eficacia de estos está en directa relación con el grado de desorden de aquellas. Dicho en otros términos, es mas conveniente varias superficies en lugar de una sola.

Estos absorbentes pueden ir adosados a los muros o cerramientos, quedando fijos o bien sobre marcos giratorios que así pueden mostrar la otra cara, que puede ser de un material reflejante (lo inverso). Esto es a los fines de regular los tiempos de la reverberación. En general los absorbentes son materiales que requieren cuidados luego de colocados, procurándose evitar el rozamiento, la suciedad, humedad etc. Colores y formas permiten efectos interesantes.

Coeficientes de absorción α [Unid / m^2]
algunos valores ilustrativos (promedio)

	Yeso sobre ladrillos huecos $\alpha = 0,028$
	Yeso sobre ladrillos macizos $\alpha = 0,055$
	Panel de fibras de vidrio $\alpha = 0,95$ (*)
	Plancha acústica en relieve $\alpha = 0,65$
	Alfombra de lana $\alpha = 0,21$
	Hormigón $\alpha = 0,018$

Los valores se completan con la tabla al final.

(*)   N.C.R. = Valor promedio α del fabricante.

Por otra parte se debe procurar que las superficies tratadas estén en lo posible exentas de suciedad y alejadas de las posibilidades de roces, o maltratos.

El grado de absorción es más eficiente cuanto más dispersos en diferentes partes estén colocados. Esto depende de cada local a tratar. En la mayoría de los casos está disponible el plafond o cielorraso, con superficies generosas, y el que suele ser la única alternativa en cuanto a superficies a tratar con los revestimientos. Aquí suelen presentarse interferencias con los sistemas de iluminación, con bocas de salida de aire acondicionado (anemostatos), detectores de humos o incendio, según.

Como variantes útiles de conocer en términos de absorbentes están los llamados Bafles, piezas en forma de paneles, muy livianos y que se colocan suspendidos de los cielorrasos o estructuras, y que bastante exitosamente se han usado en gimnasios.

Como metodología de cálculo se sugiere el método APRES-AVANT. La reducción de los ruidos en *dB* se obtiene por la expresión:

$$\text{Reducción en } dB = 10 \, log \, \frac{U.A. \text{ después del tratamiento } \textbf{(Apres)}}{U.A. \text{ antes del tratamiento } \textbf{(Avant)}}$$

Se ilustra en la anterior figura (pág.56), la silueta de un auditorio y sus revestimientos acústicos.

El cuadro que se ha detallado en página anterior ha sido preparado para visualizar en forma gráfica algunos valores de coeficientes de absorción tomados como promedios, encontrándose al final de esta publicación una información más completa.

Absorbentes de baja frecuencia (*)

Resonador de Helmholtz

Si se sopla aire por el cuello de una botella se produce un ruido, cuya frecuencia se define como frecuencia de resonancia del recipiente. En la figura aparece un resonador con forma de hueco en una pared, con un cuerpo de volumen *V* y un cuello de sección *S*.

Según Knudtsen y Harris, en estos resonadores la resistencia de rozamiento se opone al flujo alternado del aire en el interior y alrededor del cuello, de ahí una absorción de energía, sobre todo en la zona de frecuencias de resonancia. Hay evidencia de que resonadores fueron utilizados en Iglesias construidas en Suecia hacia el año 1.000. Eran de arcilla y de dimensión variable.

Resonador de Helmholtz

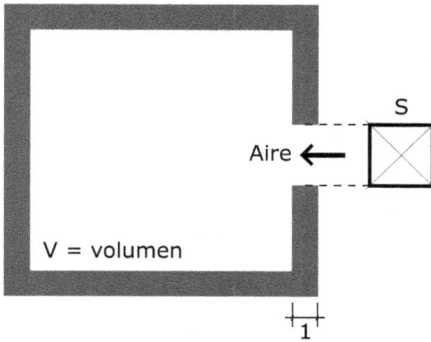

Aire ←

V = volumen

Los resonadores pueden ser efectivos en la absorción de frecuencias entre 100 y 400 *Hz*.

Frecuencia:

$$f_r = \frac{V_s}{2 \times \pi} \sqrt{\frac{S}{l \times V}} \quad [Hertz]$$

donde:

V_s = 340 *m/seg*

S = sección del cuello (cm^2)

V = Volumen de la cavidad (cm^3)

En la figura a continuación se presenta una versión moderna de los resonadores múltiples, en base a una plancha de material ranurado, distante de la pared de fondo.

RESONADOR MULTIPLE

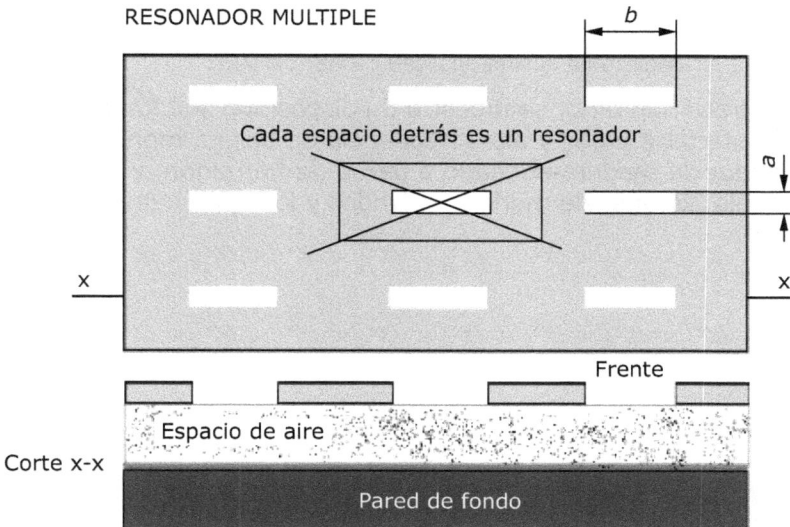

Cada espacio detrás es un resonador

Frente

Espacio de aire

Corte x-x

Pared de fondo

Detrás de cada ranura se forma un resonador que funciona como el antes descripto. Se considera que este resonador múltiple posee como mínimo: (0,5 *unidades Sabine*) (*).

(*) Tema ver ampliado en B. J. Baschuck - S. Marco" Manual de acústica para arquitectos", Editorial C.P. 67, Buenos Aires.

Absorbentes de alta y baja frecuencia

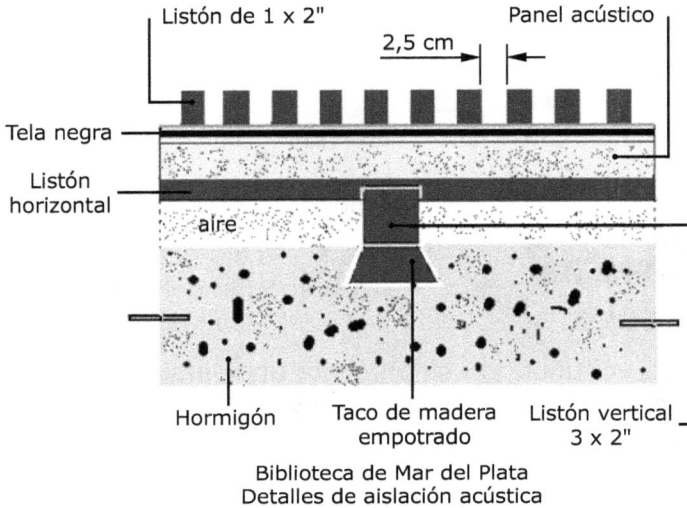

Biblioteca de Mar del Plata
Detalles de aislación acústica

Gentileza de la Municipalidad de Mar del Plata

En la ilustración anterior se muestra un dispositivo que funciona como absorbente para bajas y altas frecuencia en base a montaje, esto es, un bastidor de madera adosado a pared de hormigón, y recubierto por una tela, listones de madera lustrados y los demás detalles que se observan.

RUIDOS DE TRAFICO URBANO

Dice R.Josse: "En zonas urbanas el sector edificado de una calzada (generalmente ancha y con veredas estrechas), y la edificación a ambos lados conformando un perfil U o bien L (un solo lado edificado), implica que el ruido de tránsito se incrementa con la altura, lo que se debe a sucesivas reflexiones en las fachadas".

Estas por lo general tienen un coeficiente de absorción (que varía según los materiales que la componen) lo que se aprecia en el gráfico de la hoja siguiente.

El gráfico que sigue a continuación, reúne los resultados de estudios realizados en Francia.

Representa en su origen (punto O), el nivel de ruidos del lugar, junto al suelo y a una distancia igual al ancho de la calzada, cuando la vía de tránsito está despejada (sin vehículos)

Interpretación

Supongamos una vía de circulación con un ancho de 50 *metros*. A una distancia l = 50 *metros* de la misma se midieron ruidos con una intensidad de 70 *decibeles* (*A*). Se indican *decibeles A* porque hay tres curvas representativas de la percepción de los sonidos, (*A*, *B* y *C*), siendo la *A* la que se identifica mejor con el oído humano.

Estimando un coeficiente α = 0,03 unidades ó *Sabines* (precursor de estudios sobre acústica), y una altura de edificación h (cero en la vereda municipal) tal que:

$$\frac{h}{l} = 1$$

se obtiene del gráfico un incremento de 9,3 *dB* (*A*), resultando finalmente:

Ruido percibido = 70 + 9,3 = 79,3 *dB* (*A*)

Algunas estimaciones sobre ruidos de tránsito indican como aceptables sobre fachada, 50 *dB* durante el día, y 35 *dB* por la noche, que solo deberían sobrepasarse durante el 10 % del tiempo en el interior de la vivienda.

Como datos ilustrativos, se da esta fórmula para calcular el nivel medio (la media horaria) L del ruido en las fachadas de los edificios:

$$L = 15,5 \; logaritmo \; Q - 10 \; logaritmo \; l + 36 \; dB \; (A)$$

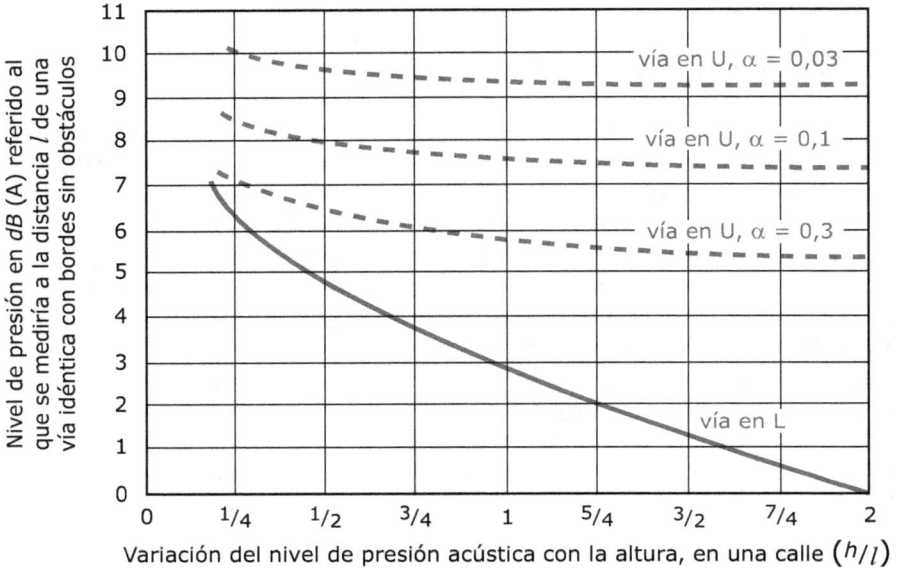

Variación del nivel de presión acústica con la altura, en una calle (h/l)

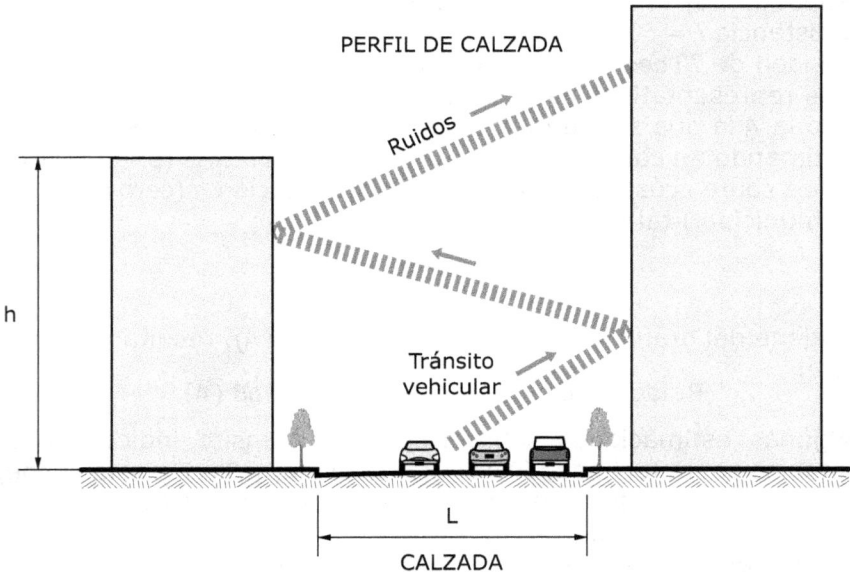

PERFIL DE CALZADA

Ruidos

Tránsito vehicular

L

CALZADA

donde:

Q número de vehículos por hora

L ancho de la vía

RUIDOS POR TRANSITO AEREO

Los aeropuertos actualmente son considerados como generadores de ruidos tales, que su incidencia en el hábitat perturban la vida de las personas. Esta circunstancia ha obligado a pensar muy seriamente en el emplazamiento de los mismos. Las distancias que alcanzan los ruidos de aeronaves, en especial los aviones Jet, tanto al despegar como al aterrizar, llegan a varios kilómetros de distancia.

En el estudio de estos ruidos molestos es de gran importancia la absorción de ellos por el aire, y en consecuencia entran a incidir distintos parámetros tales como:

- Distancias
- Temperatura
- Humedad
- Vientos

Las diferentes curvas del gráfico que aparece en la página siguiente, se han trazado con arreglo a distintos valores de la frecuencia, las que comprenden una gama extensa que desde los 62 *Hz*, hasta 8.000 *Hz*.

Ruidos de aviones Jet

Hasta el presente, la única solución conocida para atenuar los fuertes ruidos que generan las aeronaves como se dijo no solo en el despegue sino también en el aterrizaje, es alejar los aeropuertos de las zonas pobladas, en particular de los centros urbanos. Cuando se ha buscado solución al problema en edificios afectados, los remedios solo fueron paliativos por lo general, y la clásica alternativa fue acondicionar a los mismo (aire acondicionado y buen cierre de ventanas) toda vez que esto fue factible, ya que tales instalaciones involucran inversiones grandes (basta recordar el empleo de los dobles vidrios de calidad en cuanto a la aislación, a la reflexión, permeabilidad a los rayos solares, etc en las ventanas, de cuyos cálculos se han dado ejemplos aquí).

Ruidos de aeronaves

Distancias consideradas desde el reactor hasta el lugar de recepción para nuestros cálculos.

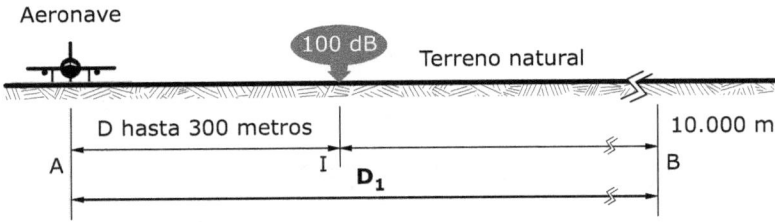

En el gráfico de abajo se representa el problema general de la influencia de los parámetros climáticos, con mas la distancia (Ley de distancias), lo que corresponde a la norma ISO R-507 para las condiciones $t = 15°$ C y H.R. = 70 %.

Gráfico Norma ISO R-507

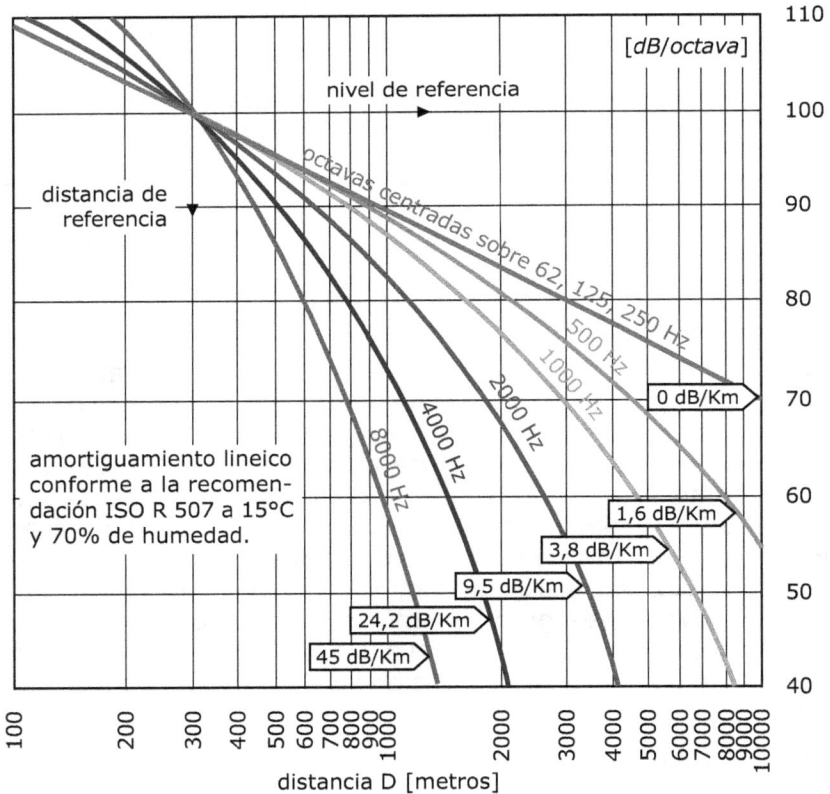

Disminución del nivel de presión acústica en función de la distancia a una aeronave, para distintas bandas de octava

La distancia *D* (hasta 300 *metros*) es de referencia, o bien aquella donde se miden los decibeles, 100 en este caso, y a partir de ese valor se determinan con el gráfico las atenuaciones hasta 10.000 *metros* de la aeronave. El valor de referencia 100 *dB* se tomó con un cuatri-reactor en el despegue.

Atenuación "*a*" del sonido en el aire (según Knudtsen y Harris)

Frec. (Hz)	Temp. (°C)	Atenuación (dB / 100 m) Humedad relativa %								
		20	30	40	50	60	70	80	90	100
500	-10	0,75	0,56	0,41	0,32	0,26	0,22	0,20	0,18	0,17
	-5	0,62	0,40	0,29	0,23	0,20	0,18	0,17	0,16	0,16
	0	0,44	0,28	0,22	0,19	0,18	0,17	0,16	0,16	0,15
	5	0,34	0,24	0,21	0,19	0,18	0,17	0,16	0,15	0,15
	10	0,27	0,22	0,20	0,18	0,17	0,16	0,15	0,15	0,14
	15	0,25	0,22	0,19	0,18	0,17	0,16	0,15	0,14	0,14
	20	0,25	0,21	0,19	0,18	0,16	0,16	0,15	0,14	0,14
	25	0,24	0,21	0,18	0,17	0,16	0,15	0,14	0,14	0,13
	30	0,23	0,20	0,18	0,17	0,16	0,15	0,14	0,13	0,13
1.000	-10	1,38	1,53	1,35	1,07	0,88	0,75	0,65	0,57	0,51
	-5	1,70	1,34	0,97	0,77	0,63	0,53	0,47	0,42	0,39
	0	1,48	0,96	0,69	0,55	0,47	0,42	0,39	0,38	0,36
	5	1,14	0,73	0,55	0,47	0,43	0,40	0,39	0,37	0,36
	10	0,88	0,59	0,48	0,45	0,42	0,40	0,38	0,36	0,35
	15	0,70	0,52	0,47	0,44	0,41	0,38	0,37	0,35	0,34
	20	0,61	0,51	0,46	0,42	0,40	0,38	0,36	0,34	0,33
	25	0,58	0,50	0,45	0,41	0,39	0,37	0,35	0,34	0,32
	30	0,57	0,49	0,44	0,41	0,38	0,36	0,35	0,33	0,32
2.000	-10	1,73	2,61	3,05	3,07	2,88	2,55	2,22	1,95	1,75
	-5	2,92	3,44	3,20	2,65	2,16	1,85	1,60	1,40	1,26
	0	3,81	3,23	2,38	1,89	1,55	1,32	1,15	1,03	0,94
	5	3,80	2,52	1,86	1,47	1,22	1,06	0,97	0,91	0,88
	10	3,02	1,96	1,45	1,17	1,04	0,97	0,93	0,89	0,86
	15	2,41	1,55	1,21	1,07	1,00	0,95	0,91	0,87	0,84
	20	1,86	1,29	1,13	1,04	0,98	0,92	0,88	0,84	0,81
	25	1,56	1,23	1,12	1,03	0,96	0,91	0,87	0,84	0,81
	30	1,39	1,21	1,09	1,00	0,94	0,89	0,85	0,82	0,79
4.000	-10	2,31	3,36	4,47	5,53	6,10	6,28	6,25	6,05	5,71
	-5	3,75	5,63	6,80	6,98	6,70	6,08	5,37	4,72	4,22
	0	6,20	7,70	7,41	6,34	5,22	4,45	3,90	3,43	3,08
	5	8,35	8,00	6,25	4,93	4,10	3,47	3,04	2,70	2,45
	10	9,10	6,58	4,90	3,85	3,21	2,76	2,46	2,28	2,16
	15	8,07	5,28	3,88	3,11	2,65	2,42	2,27	2,18	2,11
	20	6,30	4,12	3,12	2,65	2,44	2,31	2,22	2,14	2,06
	25	5,09	3,40	2,79	2,56	2,41	2,29	2,19	2,10	2,02
	30	4,19	3,06	2,72	2,53	2,38	2,25	2,15	2,07	2,01

Atenuación "*a*" del sonido en el aire (Continuación)

Frec. (Hz)	Temp. (°C)	Atenuación (dB / 100 m) Humedad relativa %								
		20	30	40	50	60	70	80	90	100
5.940	-10	2,90	4,11	5,32	6,60	7,89	8,82	9,32	9,48	9,46
	-5	4,51	6,54	8,71	10,09	10,53	10,44	10,01	9,29	8,48
	0	7,21	10,54	11,62	11,34	10,24	8,90	7,71	6,84	6,19
	5	10,98	12,79	11,86	9,81	8,07	6,95	6,05	5,35	4,84
	10	13,94	12,71	9,65	7,73	6,38	5,47	4,80	4,30	3,95
	15	14,72	10,44	7,81	6,18	5,18	4,50	4,05	3,79	3,60
	20	12,58	8,27	6,15	4,97	4,31	3,97	3,77	3,63	3,52
	25	10,26	6,76	5,17	4,44	4,09	3,90	3,74	3,61	3,49
	30	8,26	5,60	4,64	4,28	4,04	3,85	3,69	3,54	3,42

Fórmula de cálculo de la reducción del ruido por distancia y atenuación del aire

$$\text{Reducción } dB = 100\, dB - \frac{a\,(dB)}{100\, m}\,(D_1 - D) - 20\, log\, \frac{D_1}{D}$$

Coeficientes α para materiales de construcción
en general (autor Leo Beranek)

Material / Descripción	Espesor cm	Coeficientes 125	250	500	1000	2000	4000
Pared de ladrillo, sin pintar	45	0,02	0,02	0,03	0,04	0,05	0.05
Pared de ladrillo, pintada	45	0,01	0,01	0,02	0,02	0,02	0,02
Revoque, yeso sobre ladrillos huecos, pintado o no	-	0,02	0,02	0,02	0,03	0,04	0.04
Revoque, yeso, primera y segunda capa de enlucido sobre metal desplegado, sobre tarugos de madera	-	0,04	0,04	0,04	0,06	0,06	0,03
Revoque, mortero de cal, terminación a la arena sobre metal desplegado	2	0.04	0,05	0,06	0,08	0,04	0,06
Revoque sobre lana de madera	-	0.40	0,30	0,20	0,15	0,10	0,10
Revoque fibroso	5	0,35	0,30	0,20	0,55	0.10	0.04
Hormigón, sin pintar	-	0,01	0,01	0,02	0,02	0,02	0,03
Hormigón, pintado	-	0,01	0,01	0,01	0,02	0,02	0,02
Madera maciza y pulida	5	0,10	-	0,05	-	0,04	0,04
Madera en paneles, con espacio de aire (5 a 10 cm) detrás	1-1,5	0,30	0,25	0,20	0,17	0,15	0,10
Madera, plataforma con gran espacio de aire debajo	-	0,40	0,30	0,20	0,17	0,15	0,10
Vidrio	-	0,04	0,04	0,03	0,03	0,02	0,20
Pisos: Pizarra sobre contrapiso	-	0,01	0,01	0,01	0,02	0,02	0,02
Madera sobre contrapiso	-	0,04	0,04	0,03	0,03	0,03	0,02
Corcho, linóleo, yeso o goma sobre contrapiso	-4,5	0,04	0,03	0,04	0,04	0,03	0,02
Bloques de madera, pino resinoso	-	0,05	0,03	0,06	0,09	0,10	0,22
Alfombras: De lana, acolchadas	1,5	0,20	0,25	0,35	0,40	0,50	0,75
De lana, sobre hormigón	1,0	0,09	0,08	0,21	0,26	0,27	0,37
Colgaduras y tejidos: Aterciopelados, extendidos: 0,35 Kg/m^2	-	0,04	0,05	0,11	0,18	0,30	0,35
0,45 Kg/m^2	-	0,05	0,07	0,13	0,22	0,32	0,35
0,60 Kg/m^2	-	0,05	0,12	0,35	0,48	0,38	0,36
Aterciopelados, drapeados a la mitad de la superficie: 0,45 Kg/m^2	-	0,07	0,31	0,49	0,75	0,70	0,60
0,60 Kg/m^2	-	0,14	0,35	0,55	0,75	0,70	0,60

Coeficientes α para materiales de construcción en general (Continuación)

Material	Espesor cm	Coeficientes					
Descripción		125	250	500	1000	2000	4000
Asientos y personas ($\alpha_o S$ en m^2 por persona o asiento): Asientos: Sillas, respaldo sin tapizar, asiento de cuero	-	0,20	0,25	0,30	0,30	0,30	0,25
Butacas, de teatro, tapizado grueso	-	0,35	0,35	0,35	0,35	0,35	0,35
Sillas de orquesta, de madera	-	0,01	0,015	0,02	0,035	0,05	0,06
Cojines para bancos de iglesia, por persona	4	0,10	0,15	0,17	0,17	0,16	0,14
Personas: En asientos sin tapizar (sumar a la absorción de las sillas con asiento de cuero)	-	0,07	0,06	0,05	0,13	0,16	0,20

BIBLIOGRAFIA

- R.Josse. "Acústica en la construcción", Editorial G. Gili

- Bossut y Villatte. "El aislamiento acústico y acondicionamiento del sonido en la construcción"

- G.L.Fuchs. "Acústica " Universidad Nacional de Córdoba

- J.B.Keller. "Geometrical theory of diffraction", J. Opt. Soc. Am. 52 (1962)

- E.J.Rathe. "Note on to common of sound propagation", J. Sound. Vib (1969)

- B. J. Watters. "Transmission -loss of some Masonry wall", J.A.S.A. B1 (1959)

- L. Cremer. "Theorie der schalldämmung in Bautungen". Stuttgart, I. für T

- K. Gösele ."Untersuchungen zur Schall-Lángs leitung in Bautungen". Stuttgart, I. für T

- Knudtsen y Harris. "Acoustical designing in arquitecture"

- L. Beranek. "Acústica". H.A.S.A. Buenos Aires

- Aubree-Auzcu-Rapin. "Etude la gene due au trafic automobile urbain et des mesures d´urbanisme qui diminueraient cette gene". C.S.T.B.